粤港澳大湾区海绵城市建设
技术研究与金湾案例

张　辰　吕永鹏｜主编
上海市政工程设计研究总院（集团）有限公司｜组织编写

中国建筑工业出版社

审图号：GS京（2023）1803号
图书在版编目（CIP）数据

粤港澳大湾区海绵城市建设技术研究与金湾案例 / 张辰，吕永鹏主编；上海市政工程设计研究总院（集团）有限公司组织编写．—北京：中国建筑工业出版社，2023.11
ISBN 978-7-112-29312-4

Ⅰ．①粤… Ⅱ．①张… ②吕… ③上… Ⅲ．①城市建设—研究—广东、香港、澳门②城市建设—案例—珠海
Ⅳ．①TU985.265

中国国家版本馆CIP数据核字（2023）第205932号

责任编辑：于　莉　李玲洁
版式设计：锋尚设计
责任校对：姜小莲

粤港澳大湾区海绵城市建设技术研究与金湾案例
张　辰　吕永鹏　主编
上海市政工程设计研究总院（集团）有限公司　组织编写
*
中国建筑工业出版社出版、发行（北京海淀三里河路 9 号）
各地新华书店、建筑书店经销
北京锋尚制版有限公司制版
临西县阅读时光印刷有限公司印刷
*
开本：787 毫米×1092 毫米　1/16　印张：13½　字数：265 千字
2023 年 12 月第一版　　2023 年 12 月第一次印刷
定价：**128.00** 元
ISBN 978-7-112-29312-4
（41807）

编 委 会

主　　编｜张　辰　吕永鹏

参编人员｜李明将　李岳泽　陈　建　谢　胜　徐光智　韩松磊
李新建　李士龙　韩成铁　聂俊英　莫祖澜　尹冠霖
何嘉颖　冀鹏飞　吉　驰　吴晨浩　李运杰　陈　杰
谭学军　陈　嫣　邹伟国　刘　爽　李建宁　谷碧涵
朱文美　伍　亮　刘柳亮　姚鹏飞　魏绪刚　胡启玲
杨宏伟　张　桢　何　益　鞠凤涛　郑剑杰　郝晓宇
赵守道　朱　琳　张　倩　步春江　黄孝帝　施震东

序

海绵城市建设是基于维护自然水文生态特征之上的环境友好型当代城市建设发展模式，也是将涵养水资源、修复水生态、调节小气候、净化水质和改善人居环境等多维度目标融为一体的建设思路和构想。

2015年，《国务院办公厅关于推进海绵城市建设的指导意见》正式颁布，从意义、内涵、目标、指标、措施等方面提纲挈领，成为国内海绵城市建设的纲领性文件。此后，海绵城市建设驶入了快车道，各类研究、试点、示范和科技成果凝练方兴未艾，尤以国家层面组织的海绵城市建设的试点、示范工作，以点带面，仿如星火燎原，以可复制、可考核、可移植的方式，迅速在国内得以推而广之，同时也得到了国际同行的关注与认可。

粤港澳大湾区地位特殊，“建设粤港澳大湾区，既是新时代推动形成全面开放新格局的新尝试，也是推动‘一国两制’事业发展的新实践。”2019年2月，伴随《粤港澳大湾区发展规划纲要》的印发，将粤港澳大湾区建设成世界级城市群的目标上升为重大国家战略。

短短几年，粤港澳大湾区9座内地城市中，累计已有5座城市入选国家级海绵城市建设试点示范名单，先有珠海、深圳，后有广州、中山、佛山。粤港澳大湾区对海绵城市建设高度重视，群策群力，高起点、高标准、高效率推动该项工作，成绩斐然，成效可鉴，值得我们浓墨重彩地书写一番。

粤港澳大湾区城市群皆因珠江而生，不仅经济发展模式、城市化历程相似，开展海绵城市建设的气温、降雨、地形、地貌、水文、地质、植被、土壤等自然地理条件也基本相同，均属珠江三角洲联围感潮河网平原。其中，珠海是粤港澳大湾区一众由沧海演化桑田的城市中成陆最晚的一个地级市。

本书遴选珠海市金湾区海绵城市试点实践作为重点案例，有着特殊的意义和价值，因为珠海地处三角洲平原南端的珠江入海口，部分陆域面积于20世纪七八十年代起联围填海而成，与珠江的鸡啼门和崖门等入海口、南海岸线相邻，相比粤港澳大湾区其他城市而言，地势更低、地下水埋深更浅、咸潮影响更大、风暴潮影响更剧烈。在这些看似多重不利条件的影响下，尚能高质量地完成既定任务和考核目标，入选国家级海绵城市的试点示范名单，其中所蕴含的经验，无疑更具有说服力，对此进行总结和提炼，更能快速转化为生产力。

东风劲吹大湾区，南海潮生满珠江。珠海迎来了粤港澳大湾区、横琴粤澳深度合作区、自由贸易片区和现代化国际化经济特区等平台优势与政策优势“叠加”的重大历史发展机遇，因此，珠海市应努力为国家重大战略的顺利实施提供更坚实的资源支撑、生态依托和环境引领，系统化全域推进海绵城市建设，为美丽中国的建设书写更多“春天的故事”，为“绿水青山就是金山银山”谱写更精彩的华章，让这颗熠熠生辉的明珠照亮粤港澳大湾区奔向世界级城市群的征途。

中国城镇供水排水协会 会长

二〇二三年八月八日

前言

珠海地处南海之滨，坐珠江入海口西岸，拥平原沃野，河网密布，青山点缀，抱辽阔海域，岸线蜿蜒，百岛耸立，是中国著名的滨海旅游城市。

作为我国最早建设的四个经济特区之一，珠海又是珠三角中心城市、粤港澳大湾区（以下简称大湾区）节点城市。在多年的城市发展过程中，珠海始终坚持生态优先，把消除污染、改善环境、以人为本、提升宜居品质作为城市发展的重要战略目标。通过生态保护和改善，凸显特有的山水与海洋城市风貌；通过保护各类历史文化资源，突出浓郁的人文气息。形成了少污染、无污染的工业结构，独具吸引力的城市风貌和优良的人居环境，成为全国唯一一座以整体城市景观入选“全国旅游胜地四十佳”的城市，享有国家新颁布的“幸福之城”之名，在国际著名咨询公司麦肯锡发布的《中国城市可持续发展指数年度报告》中，屡屡获得靠前排名。

为加快生态文明建设，统筹推进“四水共治”，传承水文化，缓解城市内涝，改善城市生态环境，珠海于2016年4月开启了海绵城市建设试点新征程。与大湾区其他内地城市相比，珠海在海绵城市建设试点中所遇到的问题以及所展开的实践无疑是极具代表性的，这与其城市的自然地理、经济发展等特点密不可分。

珠海地处大湾区联围感潮河网地区最前沿，总体地势低平，水网密布。汛期，强降雨与风暴潮叠加事件时有发生，洪、涝、潮叠加导致的严重内涝灾害频发；旱季，珠江流域整体降雨变少，水位下降容易引发咸潮回溯、水质性缺水，制约着城市长期健康发展。此外，城市化进程中的问题，诸如管网设计标准较低、雨污混流、局部区域内涝、下垫面不透水比例多、少数水体黑臭等，在老城区较为突出，影响了珠海的城市宜居感与幸福指数的进一步提升。

金湾区是珠海面积最大的海绵城市试点区，也是项目类型最全、大湾区范围内最具联围感潮河网地区代表性的试点区。珠海金湾区7年海绵城市试点建设与全面推广的经验，造就了一部可圈可点的篇章，验证了推进海绵城市是落实生态文明建设理念、实现绿色发展、缓解城市内涝的重要举措、正确路径，能够有效改善城市生态环境质量、扩大优质生态产品供给、增强群众获得感和幸福感。对此进行阶段性总结，把试点中形成的成功经验与做法进行提炼并固化成书，不仅可为珠海的发展积累经验，也可为大湾区其他气候、自然地理条件相似的地区建设海绵城市提供他山之石。

全书共6章24节。首先，简要说明大湾区海绵城市建设背景与必要性；其次，分析了大湾区联围感潮河网地区海绵城市建设基础与思路，总结提出了4个适用于联围感潮河网地区海绵城市建设的思路及4项通用的低影响开发设施技术；再次，对珠海金湾海绵城市建设顶层设计方案、建设机制与技术保障进行了总结。其中顶层设计包括海绵专项规划和试点区建设系统方案两个，基于金湾区当前及长远发展所面临的“水安全、水环境、水生态、水资源”四水调研，并经科学论证后提出，症状摸得准确、指标定得科学、路线选得合理。建设机制与技术保障，主要从市区统筹协作、注重制度保障、规范监管流程、健全标准体系、加强宣传引导、强化资金保障、构架监控平台七方面进行了较为系统全面的阐述；然后，对珠海金湾海绵城市试点建设成效进行了介绍，在此基础上，通过城市老旧社区改造为主的金湾海绵城市建设PPP项目和近十年新规划建设的航空新城C片区两个案例对试点期间通过打造样板项目、构建典型片区的实践做法进行了概括总结；最后，对珠海市金湾区7年海绵城市的特色经验与成功做法总结提炼出6条具有金湾特色的建设经验，可供大湾区联围感潮河网地区城市借鉴。

相较已成书的各类“海绵城市”专著，本书系统性较强，从基础条件的调研、建设思路的梳理、顶层设计方案的阐述，到建设机制与技术保障的介绍、特色经验的阐析，层层递进，形成完整的成书体系；又贵在抽丝剥茧，深入剖析，将7年的实践工作挖掘和提炼出许多宝贵经验，极具可复制、可推广、可应用的价值，细细研读本书的第4章“珠海金湾海绵城市建设机制与技术保障”和第6章“联围感潮河网地区海绵建设特色与经验”，作为读者的你一定收获颇丰。

珠海金湾7年的海绵城市建设实践，所有参与其中的管理者、规划者、设计者、建设者、运营者都深深体会到，海绵城市建设不只是一个个具体的工程项目，而是城市发展方式、发展理念的转变与革新，是把大湾区联围感潮河网地区城市打造为人与自然和谐共生共荣的生命共同体、夯实区域长远发展根基的重要举措，功在当代，利在千秋。在推动形成全面开放新格局的新时期，珠海金湾将初心不改，矢志不渝，系统化全域推进海绵城市建设、目标直指大湾区海绵城市最佳实践区、试验田，开拓不停、创新不止、奋斗不息。

感谢住房和城乡建设部城市建设司、广东省住房和城乡建设厅、珠海市住房和城乡建设局、珠海市海绵城市专项工作领导小组办公室、珠海市金湾区住房和城乡建设局、珠海市金湾区海绵城市建设工作领导小组办公室、珠海市规划设计研究院、珠海市水务环境控股集团有限公司、珠海市金宜生态发展有限公司、珠海格力建设工程有限公司、珠海航空城工程建设有限公司、珠海华金开发建设有限公司、中铁建珠海投资开发有限公司、珠海市金湾区建金生态城市建设有限公司以及其他相关单位对本书编写的大力支持，感谢方小勇、田建华、刘苑平、陈少锋、黄锐、何源达、谭高明、黄永贵、刘学伟、陈华等给予的悉心指导或提供的部分数据资料。由于时间仓促和作者水平有限，书中不足和疏漏之处在所难免，敬请同行和读者指正。

目录

第1章

粤港澳大湾区海绵城市建设背景与必要性

1.1 国家系统化全域推进海绵城市建设

近年来，随着我国城镇化持续加快和全球气候变化加剧的影响，暴雨等极端天气导致的严重洪涝灾害频发，依赖更大排水管径、更大调蓄池、更大流量强排的传统雨水排水管理模式难以有效应对，给国家、集体和人民群众的生产生活造成巨大影响。因此，党中央、国务院和地方各级政府以及城市规划建设与管理单位开始积极探索适合中国城镇化建设的现代雨洪管理模式。

《国务院办公厅关于做好城市排水防涝设施建设工作的通知》（国办发〔2013〕23号）和《国务院关于加强城市基础设施建设的意见》（国发〔2013〕36号）均明确要求“积极推行低影响开发建设模式。因地制宜配套建设雨水滞渗、收集利用等削峰调蓄设施”。2013年12月，中央城镇化工作会议指示要建设海绵城市，并提出了建设要求：“在提升城市排水系统时要优先考虑把有限的雨水留下来，优先考虑利用更多自然力量排水，建设自然积存、自然渗透、自然净化的‘海绵城市’，做到小雨不积水，大雨不内涝，水体不黑臭，热岛有缓解”。2015年10月，《国务院办公厅关于推进海绵城市建设的指导意见》（国办发〔2015〕75号）明确了海绵城市建设工作的近远期目标、工作要求及责任主体等，海绵城市建设正式成为全国城市生态建设发展的基本要求。

1.1.1 “十三五”海绵城市建设情况

2015年1月，《财政部办公厅 住房城乡建设部办公厅 水利部办公厅 关于组织申报2015年海绵城市建设试点城市的通知》（财办建〔2015〕4号）的印发标志着海绵城市建设试点工作正式启动。“十三五”期间，通过竞争性评审，先后选择了两批共30个具有代表性的城市，先行先试开展海绵城市建设，研究探索海绵城市建设的路径，总结提炼可复制可推广的经验。同时，中央财政对海绵城市建设试点项目给予专项资金补助，通过发挥财政资金的撬动和放大效应，为海绵城市建设试点工作的顺利推进提供了强劲的资金保障。其中，粤港澳大湾区（以下简称大湾区）中的深圳和珠海均于2016年列入国家第二批海绵城市建设试点城市。

“十三五”中后期，海绵城市建设开始由试点转入全面推进阶段，住房和城乡建设部印发《海绵城市建设技术指南——低影响开发雨水系统构建（试行）》，制定和修订了相关标准，截至2020年年底，全国城市建成各类落实海绵城市建设要求的项目约4万个，有效缓解了城市内涝问题，改善了水环境与水生态，提升了人居生态环境质量。

1.1.2 “十四五”海绵城市建设部署

2020年10月，《中共中央关于制定国民经济和社会发展第十四个五年规划和二〇三五年远景目标的建议》部署，“增强城市防洪排涝能力，建设海绵城市、韧性城市”。2021年4月《财政部办公厅 住房城乡建设部办公厅 水利部办公厅关于开展系统化全域推进海绵城市建设示范工作的通知》（财办建〔2021〕35号）明确，“十四五”期间，财政部、住房和城乡建设部、水利部决定开展系统化全域推进海绵城市建设示范工作，海绵城市建设开启了新篇章。三部委先后于2021年6月、2022年5月和2023年5月，公示了三批系统化全域推进海绵城市建设示范城市，其中，第一批20个城市，第二批25个城市，第三批15个城市。大湾区的广州、中山和佛山分别列入第一批、第二批和第三批系统化全域推进海绵城市建设示范城市。

此外，2022年4月，《住房和城乡建设部办公厅 关于进一步明确海绵城市建设工作有关要求的通知》（建办城〔2022〕17号）发布，针对一些地方存在的对海绵城市建设内涵认识不清、理解存在偏差的问题，按照海绵城市建设的重要指示精神，文件进一步明确海绵城市建设的内涵、海绵城市建设的主要目标、海绵城市建设的实施路径，并为各地系统化全域推进海绵城市建设指明了方向。

1.2 › 粤港澳大湾区海绵城市建设必要性

大湾区地处珠江三角洲平原上，为“9+2”城市群模式，包括广东省的广州市、深圳市、珠海市、佛山市、惠州市、东莞市、中山市、江门市、肇庆市9个内地城市和香港、澳门2个特别行政区（图1-1），内地9市常住总人口7801万人（截至2020年12月）。

改革开放之初，珠三角发挥毗邻港澳的区位优势，以“三来一补”的方式（来料加工、来样加工、来件装配和补偿贸易）承接香港、澳门等地转移的制造业，从事纺织、家电、电子等加工制造的工厂及相关企业等如火如荼般兴起。随着产业集聚，规模效应呈现，对人才、资金、技术等要素的虹吸效应增强，产业在发展中升级，外商直接投资的产业项目也越来越多，在短短二三十年间完成了从农业经济为主向工业经济引领的转变，快速成长为我国经济国际化程度最高的地区和誉满中外的“世界工厂”。

经过改革开放40多年的快速发展与积累，特别是香港和澳门胜利回归后，随着海峡两岸暨港澳地区的合作不断深化，资源共享、协同发展的优势彰显，大湾

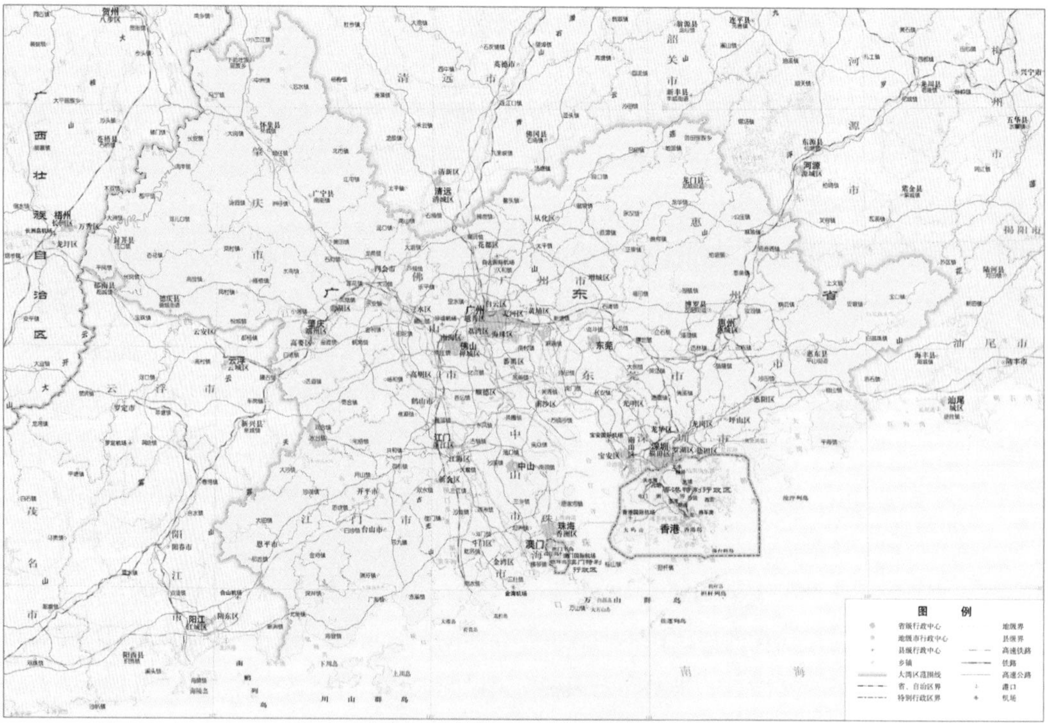

图1-1 粤港澳大湾区区域图

（图片来源：中华人民共和国自然资源部官方网站）

区迅速成为目前我国对外开放程度与经济体量最大、发展后劲与增长潜力最强的战略推进区域之一。对标世界金融中心著称的纽约湾区、以高新科技领先全球的旧金山湾区、以高新技术产业闻名于世的东京湾区等国际公认的三大知名湾区，大湾区已经具备打造国际一流湾区与世界级城市群的条件与基础。

1.2.1 实现区域经济持续健康发展的生态要求

大湾区所在的珠江三角洲城市群人口与人才集聚效应大、创新要素与资源注地效应强、生产链与供应链集群程度高、经济积累与文化传承支撑后劲足，2015年1月，即超越日本东京，成为世界人口和面积最大的城市群。由于过去的经济增长方式主要是依靠生产要素的大量投入和扩张来实现经济的粗放式快速增长，产业集群程度较低，企业间关联程度较低，土地、资源等既未较好地集约节约使用，也未较好地循环利用，这种增长方式在一定程度上存在过度消耗资源、能源的问题，以污染环境为代价，导致了经济社会中的一系列矛盾与问题，造成大湾区各城市在新时期、新发展的背景下，在用地与人才、生态与环境、资源与能源等方面均不同程度面临着制约与限制。

为偿还经济发展过程中对生态环境的“历史欠债”，改善城市居民生活工作的环境条件，为城市提速提质发展积蓄充沛的能量与强大后劲，大湾区各城市均开启了城市建设发展新方向、新路径的新探索。党的十八大、十九大以来，生态文明建设纳入中国特色社会主义“五位一体”总体布局，建设自然积存、自然渗透、自然净化的海绵城市成为一项重要举措。大湾区各城市均深刻认识到海绵城市是我国城市生态建设发展的新理念、新方向，以海绵城市建设为契机，推动城市走上生态文明建设之路，是实现城市永续发展、绿色发展、和谐发展的立身之本、必由之路。截至目前，大湾区先后有深圳、珠海、广州、中山和佛山5个城市成功列入国家海绵城市建设试点或示范城市。

1.2.2 践行粤港澳大湾区规划纲要的发展要求

2019年2月，党中央、国务院印发《粤港澳大湾区发展规划纲要》(以下简称《纲要》)，把由广东省级层面力推的珠三角9市，上升到国家战略层面，推进的城市群数量进一步扩展为9个内地城市加2个特别行政区，吹响了新时期建设大湾区的号角。《纲要》是为全面贯彻党的十九大精神，全面准确贯彻“一国两制”方针，充分发挥粤港澳综合优势，深化内地与港澳合作，进一步提升大湾区在国家经济发展和对外开放中的支撑引领作用，支持香港、澳门融入国家发展大局，增进香港、澳门同胞福祉，保持香港、澳门长期繁荣稳定，让港澳同胞同祖国人民共担民族复兴的历史责任、共享祖国繁荣富强的伟大荣光而编制的。因此，建设大湾区，既是新时代推动形成全面开放新格局的新尝试，也是推动“一国两制”事业发展的新实践。

《纲要》明确了建设国际科技创新中心、加快基础设施互联互通、推进生态文明建设等七方面的任务目标，其中，与海绵城市建设密切相关的任务主要包括三个方面：

一是加强基础设施建设。坚持节水优先，大力推进雨洪资源利用等节约水、涵养水的工程建设，完善水利基础设施；加强海堤达标加固、珠江干支流河道崩岸治理等重点工程建设，着力完善防汛、防台风综合防灾减灾体系建设。加强珠江河口综合治理与保护，推进珠江三角洲河湖系统治理。强化城市内部排水系统和蓄水能力建设，建设和完善澳门、珠海、中山等防洪（潮）排涝体系，有效解决城市内涝问题。推进病险水库和病险水闸除险加固，全面消除安全隐患。加强珠江河口水文水资源监测，共同建设灾害监测预警、联防联控和应急调度系统，提高防洪防潮减灾应急能力，完善水利防灾减灾体系，为大湾区经济社会发展在基础设施方面提供有力支撑。

二是生态文明建设。牢固树立和践行“绿水青山就是金山银山”的理念，像对待生命一样对待生态环境，实行最严格的生态环境保护制度。加强珠三角周边山地、丘陵及森林生态系统保护，加强海岸线保护与管控，强化近岸海域生态系统保护与修复，推进“蓝色海湾”整治行动、保护沿海红树林，建设沿海生态带。加强粤港澳生态环境保护合作，共同改善生态环境系统。加强湿地保护修复，全面保护区域内国际和国家重要湿地，开展滨海湿地跨境联合保护，开展珠江河口区域水资源、水环境及涉水项目管理合作，重点整治珠江东西两岸污染，规范入河（海）排污口设置，强化陆源污染排放项目、涉水项目和岸线、滩涂管理。推进城市黑臭水体环境综合整治，贯通珠江三角洲水网，构建全区域绿色生态水网。

三是塑造湾区人文精神。共同推进中华优秀传统文化传承发展，保护、宣传、利用好湾区内的文物古迹、世界文化遗产和非物质文化遗产，支持弘扬以粤剧、龙舟等为代表的岭南文化，彰显独特文化魅力，坚定文化自信。发挥大湾区中西文化长期交汇共存等综合优势，促进中华文化与其他文化的交流合作，扩大岭南文化的影响力和辐射力。

因此，大湾区各城市均要加大力度，抓紧推进海绵城市建设，率先构建区域一体化的生态安全体系，修复、组合、串联区域、流域内各类自然生态资源和绿色开敞空间，形成全方位、多层次、一体化的大生态系统，加快推进生态文明建设，为新时期大湾区经济增长、社会进步、文明发展提供有力的生态保障与环境支撑，为《纲要》各项战略目标任务的全面落实奠定坚实的物质基础与文化后盾。

1.2.3 丰富粤港澳大湾区文化内涵的时代要求

珠江水流淌千载滔滔不绝，养育了一辈又一辈勤劳的珠三角人；水文化传承百世，生生不息，凝结了一颗又一颗璀璨的文明结晶。早在新石器时代珠江三角洲上已有先民在此居住渔猎生活，先秦时期“南越”少数民族在此繁衍生息。秦始皇统一岭南后，从中原迁来了数十万移民，与当地少数民族开始融合。南宋后，因避乱、经商等原因，中原及江南人不断南迁进入珠江三角洲，带来了中原地区先进的生产技术，南北方的文化在此碰撞交融，逐渐孕育了岭南文化，成为中华5000年文明的有机组成部分。团结务实、开放包容、敢闯敢试是湾区人精神文化的写照，并深深烙印在每一个湾区人的血脉与灵魂中。“桑基鱼塘”是珠三角基围中最具代表性的生态农业生产文化，基围联围则是凝聚湾区人民精诚合作、团结奋斗精神文化的水利设施，也是世界灌溉工程的文化遗产。

珠江作为大湾区的母亲河，其孕育的岭南文化是千百年来始终把世界各地珠三角人紧密凝聚在一起，确保精神思想层面达成共识、实现共鸣的强力纽带。以系统化修复水生态、改善水环境、提高水安全、涵养水资源、发展水文化为出发点和目标的海绵城市建设，则是推进大湾区生态文明建设的必由之路，也是传承水文化、增强大湾区文化软实力的重要手段。

因此，系统化全域推进海绵城市建设，加快打造全国最大的流域海绵、连片海绵，保护大湾区共同的母亲河，在传承中发扬岭南水文化，在发展中丰富生态文明，把整个大湾区打造成人与自然和谐共生共荣的生命共同体，为美丽中国建设谱写更多“绿水青山就是金山银山”的精彩篇章，为中华民族永续发展的千年大计闯出一条富有中国特色的生态文明之路。这不仅是大湾区文化发展的时代担当与使命，还是其自身长远发展、永存于世的内在需求与必然规律。

1.3 › 粤港澳大湾区海绵城市建设探索实践概况

广东省是一个经济大省、经济强省，GDP连续33年位居全国第一。雄踞广东省核心区域处于领先地位的大湾区则是我国改革氛围最浓烈、开放意识最前卫、经济发展最领先的区域之一，在国家发展大局中具有重要战略地位，也是我国唯一跻身世界顶级湾区序列的城市群。由于大湾区9个内地城市，无论是吸取过去发展中的经验教训，还是顺应当前的发展潮流趋势，均早已重视环境保护带来的生态红利，早已清晰认识到“绿水青山就是金山银山”的重要意义。因此，党的十八大以来，更加坚定地坚持以生态文明思想为指导，深入贯彻落实《国务院办公厅关于推进海绵城市建设的指导意见》，积极按照财政部、住房和城乡建设部、水利部及广东省住房和城乡建设厅的工作部署，开展海绵城市试点建设和示范建设，扎实推进建设“自然积存、自然渗透、自然净化”的海绵城市。截至目前，大湾区已有深圳和珠海2个城市完成海绵城市试点建设，顺利转入系统化全域推进阶段，而广州、中山和佛山3个城市则梯次启动全域推进示范城市建设。

1.3.1 深圳市海绵城市推进情况

深圳市位于珠江口东岸、大湾区南端，是我国设立的第一个经济特区，也是一个超大城市。为解决深圳市因开发速度快、城市化程度高、建设强度大等带来的城市环境污染严重、资源空间支撑不足、长远发展受限等困境，2004年，即在政府投资项目中引入并示范低影响开发理念，后续又开展了一系列相关工作，为海绵城市建设试点奠定了坚实基础。

2016年，深圳市入选国家第二批海绵城市建设试点城市，试点区域为光明区凤凰城。当年编制完成《深圳市海绵城市建设专项规划及实施方案》，确立了深圳市“城在绿中、绿在城中”的海绵城市生态格局。随后《深圳市海绵城市建设管理暂行办法》《深圳市海绵城市规划要点和审查细则》等文件相继出台，并对部分文件进行实时优化完善，不断健全顶层设计。同时，不断健全机制体制，把海绵城市建设和治水、治污、治城等工作深度融合，与建设“人水和谐的宜居生态城市、碧水青山的美丽新深圳”宏伟目标相结合，形成了“全部门政府引领、全覆盖规划指引、全视角技术支撑、全方位项目管控、全社会广泛参与、全市域以点带面、全维度布局建设”的“七全”实施模式。《深圳市生态文明建设考核实施方案》《深圳市海绵城市建设政府实绩考评办法》等文件的颁布，将相关部门、单位的海绵城市建设工作完成情况纳入深圳市生态文明考核体系和政府绩效考核，建立了海绵城市建设推进的长效考核机制。

经过7年的建设，先后建成一批优秀项目、示范项目，黑臭水体化身为公园湿地，如曾经让市民避之不及的茅洲河，治理后变身为令人流连忘返的“生态河”，被评为“2021年广东省十大美丽河湖”；屋面绿化连片成景的万科云城；产、城、水、绿相融的泰华福岛产业园等。海绵城市建设重点区域年径流总量控制率达到规划目标，内涝点全部消除，水面率大幅提升，开创了“厂网一体化”系统化运营管理新局面，考核区域全面达到海绵城市建设目标要求，被住房和城乡建设部誉为“智慧型”推进海绵城市建设工作的典范，为我国南方湿润气候区高密度超大城市的海绵城市建设提供了可复制、可推广的经验。

1.3.2 广州市海绵城市推进情况

广州市位于珠江三角洲的顶端，是一座有着2200多年历史的水城，也是经济发达的特大城市。在过去经济快速发展过程中，出现了一批黑臭河涌水体。加上地理位置临近三角洲平原北侧山区，除受珠江水系影响外，本地水系也非常发达，河网水系交织密布，加上三角洲平原地势低平，南海潮水可沿珠江上溯到广州，导致广州与下游城市一样，除了存在黑臭水体污染外，还受洪水、潮水、涝水三类水患灾害威胁。

为解决城市内涝、黑臭水体等涉水问题，促进经济社会全面，协调、可持续发展，广州市在“十三五”期间印发了《广州市海绵城市专项规划（2016—2030年）》，随后还印发了《广州市海绵城市建设实施方案（2021—2025年）》等数十项制度文件，基本构建了完善的顶层设计与推进机制体制，开始海绵城市试验与实践，并取得了良好效果。2021年，广州成为首批全域推进示范城市，配套出台了《广州市系统化全域推进海绵城市建设示范工作方案》，明确了加强流域区域生态环境治理等海绵城市建设四个方面的工作任务，提出开展海绵城市建设的三大指导方针，确保将海绵城市建设理念融入新型城镇化建设全过程，切实提高城市排水、防涝、防洪和防灾减灾能力，实现海绵城市“共建、共享、共治”，确保到2023年年底、2025年年底、2030年年底，广州市城市建成区面积达到海绵城市建设要求的占比分别不少于40%、45%、80%。

目前，广州市已经先后建成天河智慧城大观湿地公园、海珠国家湿地公园（图1–2）、阅江路碧道示范段二期、灵山岛尖雨洪公园、中新知识城等一批海绵城市建设标杆项目或示范性片区，实现厂网一体化管理运营，全国首例深层隧道排水工程——东濠涌试验段完工。广州将继续以生态文明思想为指导，深入贯彻落实国务院关于推进海绵城市建设的重要部署和国家部委关于推进海绵城市示范建设的各项要求，系统化全域推进海绵城市建设，为特大城市的海绵城市建设探索更多的成功经验与案例。

图1–2　海珠国家湿地公园

1.3.3 珠海市海绵城市推进情况

珠海市作为中国首批经济特区城市之一，始终坚持走发展与环保并重、生态环境保护优先的可持续发展之路。建市40多年来，珠海发展成为珠三角城市群中高能耗、高污染、高排放企业数量最少、生态环境质量最好、城市人口结构最优的城市之一，城市生态本底条件较好。但是，由于珠海地处珠江三角洲冲积平原近海端，地势更加低平、珠江水量大、地下水位高、台风频繁等因素，导致在建成区也存在一定程度的局部区域内涝、咸潮回溯、风暴潮危害较大等客观问题，再加上历史上因财力不足、理念观念制约等导致的建成区管网设计标准较低、排水体制不健全、部分水体黑臭等问题，成为制约珠海生态文明建设与转型升级的障碍。

为修复城市水生态、涵养城市水资源、改善城市水环境、提高城市水安全、复兴城市水文化、建设国际宜居城市，珠海于2016年4月被成功列入国家第二批海绵城市建设试点城市，踏上探索大湾区联围感潮河网地区海绵城市建设模式的新征程。

珠海市的试点区共3个，分别为金湾区试点区、斗门试点区和横琴新区试点区（现横琴粤澳深度合作区），总面积51.96km^2（图1-3）。7年来，珠海市开启了市区统筹协作、两级海绵办分工共建海绵城市的新局面。自2016年开始，市区两级均成立海绵城市领导小组，建立健全推进机制体制。同时，珠海市先后出台了《珠海市海绵城市专项规划（2015—2020年）》《珠海市海绵城市建设管理办法》《珠海市海绵城市规划设计标准与导则》《珠海市海绵城市专项规划整合规划（2018—2030年）》《珠海市海绵城市建设项目低影响设施验收流程及技术要点（试行）》《珠海市海绵城市建设项目全过程管控工作指引》等文件，构建了较为完善的法规、规划和技术标准的顶层框架。各海绵城市建设试点区根据实际情况，探索研究出台配套区级专项规划、系统方案等文件及操作层面的标准与规定，市、区共同搭建了横到边、纵到底的海绵城市全过程管控的机制体制。在此基础上，珠海市印发了《关于印发珠海市海绵城市建设考评办法（试行）的通知》，明确将各区的海绵城市建设考评情况纳入珠海市委市政府对各区领导班子的考核，形成市级统一指挥领导、统筹协调，三个试点区因地制宜，结合河道水系、水环境问题、城市更新计划、内涝积水点分布等实际问题与不同诉求，进行综合整治与优化提升，科学推进海绵城市建设的局面。

截至2022年年底，全市17条黑臭水体全部实现“长制久清”，累计建成海绵型公园179个、改造海绵型老旧小区45个、海绵化改造与建设道路220条，建成区可渗透面面积占38.7%，建成区海绵达标面积占40.1%，城市在适应气候变化、抵御暴雨灾害等方面的“弹性”和“韧性”不断增强。

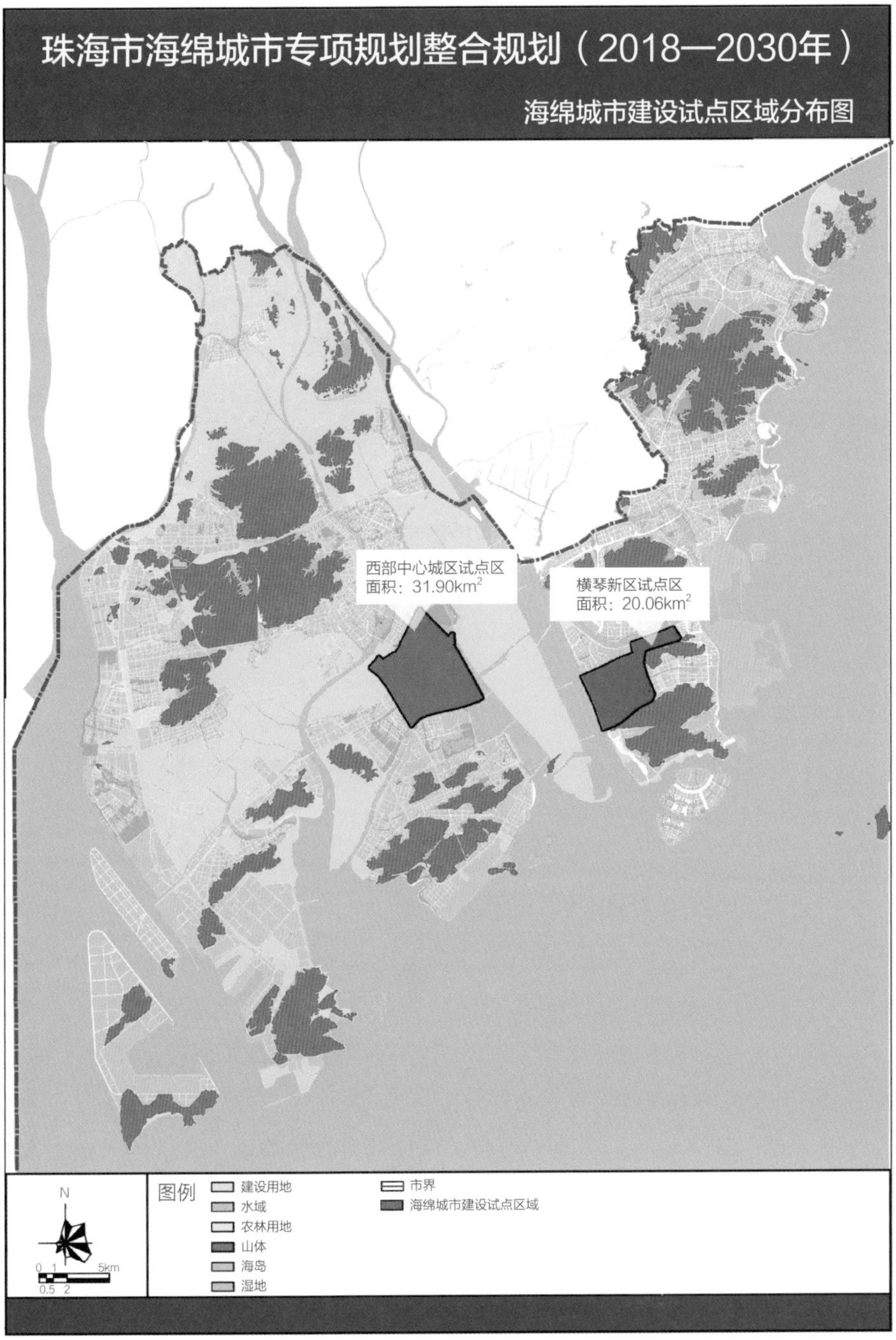

图1-3　珠海市海绵城市试点范围图

（图片来源：引自《珠海市海绵城市专项规划整合规划（2018—2030年）》）

1.3.4 中山市海绵城市推进情况

中山，史称香山，位于珠江三角洲中部偏南处，西江和北江的下游，境内水系发达，包括12条外江，1000多条内河涌。中山市是从县级市升级而来，是全国四个不设区的地级市之一，仅下辖8个街道、15个乡镇。改革开放初期兴起的产业主要集中在各乡镇，产业低端，发展粗放，形成“村村办工厂，镇镇建园区”的局面。由于对环境保护重视不够，城市建设分散，污水管网建设缺口较大，污水直排入河导致水体黑臭问题比较严重。根据中央第四生态环境保护督察组的反馈信息，中山市2021年第二季度全市开展监测的1028条内河涌中，劣Ⅴ类内河涌占比较高。同时，中山市与大湾区其他城市一样，也存在雨季长、雨量大、地势低洼等客观条件，在汛期易发生上游洪水大流量过境、外江水位持续高位运行、海水倒灌等不利因素叠加，洪涝灾害频发。

为积极探索缓解城市内涝、改善河湖水质的路径，中山市非常重视海绵城市建设工作，2017年以来，先后印发了《中山市推进海绵城市建设实施方案》（中府办函〔2017〕104号）《中山市建设项目海绵城市要点审查指南（试行）》（中规通〔2018〕19号）《中山市海绵城市规划要点和审查细则（试行）》（中山自然资发〔2020〕87号）《中山市海绵城市规划设计导则（试行）》（中山自然资规划〔2020〕188号）等文件，落实海绵城市理念，推动海绵城市建设。

2022年，中山市完成新一轮城市本底情况调查、海绵城市建设效果评估、系统化实施方案统筹、标准规范体系完善、工作机制健全、资金筹措等工作，先后出台了《市政道路海绵城市建设技术导则（试行）》《海绵城市绿地设计导则（试行）》《老旧小区海绵化改造设计导则（试行）》《海绵城市建设标准图集（试行）》《海绵城市建设技术导则（试行）》《海绵城市施工图设计导则及审查要点（试行）》《海绵城市建设工程材料技术标准（试行）》《海绵城市建设工程施工与质量验收标准（试行）》《海绵城市设施运行及维护导则（试行）》《中山市海绵城市建设植物选型技术导则（试行）》等一系列标准、导则、图集，建立了推进海绵城市建设的长效机制，成功入选国家第二批系统化全域推进海绵城市建设示范城市，下一步将以全面落实海绵城市建设理念为抓手，加快缓解城市内涝、系统解决水体黑臭问题，增强城市应对气候变化、抵御洪涝灾害的“韧性”与“弹性”。

第2章

粤港澳大湾区联围感潮河网地区海绵城市建设基础与思路

2.1 区域海绵城市建设基础

2.1.1 区域地形地质与土地资源

1. 地形地貌

大湾区位于珠江三角洲上，总面积5.6万km^2。现代地质学的研究表明，珠江三角洲从距今4万年以来，经历了3次海退、3次海侵共6个沉积发育阶段最后形成的复合型三角洲平原，总面积约11万km^2。珠江三角洲最早是一片喇叭口状海湾，珠江水系从上游和中游携带的大量泥沙在江水进入三角洲平原后因坡度变缓、流速变慢后开始加速沉淀下来，与沿海沉积物在陆地上的孤丘周边、江水入海口及附近的海岛等处率先交互淤积，形成山前平原、沙洲等。随着时间推移，山前平原、沙洲不断淤高并不断向前延伸扩宽，孤丘、沙洲、平原开始链接并逐步连接成片，海岸线随着陆地扩展缓慢而持续向海退移，周而复始，循环向前推进，经过千万年的演变，沧海终于化身为现在丘陵点缀的滨海沉积平原。在清朝时期，珠江只有6个入海口，即东三门（虎门、蕉门和横门）和西三门（磨刀门、虎跳门、崖门），且都是由山地挟持的地形。近百年来，随着泥沙淤积，岛屿与陆地相连，又先后生成洪奇沥（构成东四门）、鸡啼门（构成西四门），形成现在8个口门入海局面。珠江入海口各水道现在仍保持一定速度淤积、延伸，因此，随着时间推移，岸线附近的岛屿均有望成为未来三角洲平原上的岛丘。根据《广东省人民政府办公厅关于印发珠江三角洲地区安全体系一体化规划（2014—2020年）的通知》，目前三角洲平原上星罗棋布着160多个岛丘，表现为丘陵、台地、残丘地貌类型，占三角洲总面积的五分之一。海岛433个，其中面积在500m^2以上海岛381个。海岸带长达1479km，约占广东省海岸线的36%。同时，三角洲平原的北、东和西三面有一圈丘陵山地呈C形环绕，只有向南一面敞开朝向南海，大湾区冲积平原整体处于山拥海抱中，构成大湾区独特的“背山面海皆平原，山丘海岛处处见，四水并流生百川，八门锁江陆海联”的地形地貌。

2. 地质条件

大湾区沉积层比较厚。根据不同时期的地图比较可以发现，唐宋以前，广州以南是一片海域，海岛星罗棋布。这些岛屿在宋人眼里被描述为“海浩无涯，岛屿洲潭，不可胜计”。该时期，珠海市金湾区的三灶岛开始出现沼泽地，且观音山和黄竹山开始连接。清同治癸酉年（1873年）至光绪己卯年（1879年）的黄梁镇地图显示，珠海市大海环以南，仍为海域，白藤、大虎、大霖、南水、北水、三灶等均为海上孤岛，其中三灶已经基本连接成片，也因此成为道光版《香山县志》香山县众多乡中唯一单独成图的乡。由此可知，珠江三角洲平原的形成经历了一个长期的不断沉积发展的过程，现在还在继续向海中推进，且沉积物厚度一般在20～40m，属第四系沉积层，有向海增厚现象，根据相关勘探资料，陆区在南部沿海一带厚度可达到60m。

由于大湾区平原多冲积土和海积淤泥，沿海草滩及红树林海岸发育了盐渍沼泽土，且沉积物总体较厚、透水性较差，影响着海绵城市建设土壤级配、植物选型等。

3. 土地资源

改革开放40多年来，大湾区经济飞速发展、快速增长的直接代价就是资源紧张。不仅香港和澳门的土地、水等资源金贵珍稀，整个大湾区9个内地城市的土地资源、淡水资源、能源供应、环境承载力、人力资源等均出现缺口。土地资源特别是建设用地短缺问题尤为突出，这在经济发展最快的深圳、城市体量最大的广州最为突出。

同时，海绵城市建设同样需要土地来承载，包括河湖水系、湿地公园等大海绵体，海沟排渠以及下凹式绿地、雨水花园等小海绵体。因此，土地资源不仅成为制约整个大湾区未来经济发展的重要瓶颈，也是海绵城市规划和海绵设施建设布局时需要重点考虑的建设条件。

2.1.2 区域气候降雨与水文条件

1. 气候降雨

大湾区大部分区域均位于北回归线以南的南亚热带，由于临近南海与太平洋，受海洋影响明显，为亚热带海洋季风气候，因此总体雨季时间长，降雨量大。根据中央气象台关于大湾区9个内地城市1981—2010年月平均降水量数据（表2-1），各城市年平均降雨量为1600～2000mm，水量充沛。降雨主要集中4～9月，占全年降水总量的80%以上，并分别于6月和8月两次达到降雨量峰值（图2-1），易形成内涝灾害。其中，4～6月的降雨量，主要受锋面雨主导，7月后的降雨主要受频繁的台风影响导致。冬季受极地大陆气团影响，盛行偏北风，天气干燥，降水较少，易发生旱灾甚至比较严重的冬春连旱。

根据中央气象台关于大湾区9个内地城市1981—2010年月平均气温数据（表2-2），测算的年平均气温为23℃。按照气象学划分四季的数值标准，高于22℃

大湾区9个内地城市1981—2010年月均降雨量统计表（单位：mm） 表2-1

城市	时间												总计
	1月	2月	3月	4月	5月	6月	7月	8月	9月	10月	11月	12月	
广州	44.3	67.9	94.9	183.5	285.6	315	240	230.8	200.9	70.5	38.4	29.4	1801.2
深圳	26.6	47.2	69.1	153.4	231.3	304.5	317.3	353.3	258.9	65.6	35.4	26.7	1889.3
珠海	27	57	83.1	197.7	289.3	347.1	278.6	337.4	223.2	75.1	43.8	31	1990.3
佛山	45.7	65.2	92.4	166.4	245.1	273.7	228.4	229.9	196.7	68.1	37.7	28	1677.3
惠州	34.9	62.9	95.5	185.1	224.3	347.7	258.7	279.3	182.5	42.6	26.4	29.7	1769.6
东莞	39.4	65.2	94.2	196.7	265.8	313.9	236.9	268.3	185.5	55.1	35.7	30	1786.7
中山	34.4	66.8	74.5	185	244.7	334.9	241	277.7	233.7	78.5	44.9	32.3	1848.4
江门	34	60.6	65.6	182.5	253.6	317.9	257.5	289.2	214.7	68.3	37.8	26.5	1808.2
肇庆	44.8	63.6	88.5	181.9	258.8	274.7	229.1	209.2	153.6	61	38.9	28.9	1633

（资料来源：根据中央气象台—城市预报—1981—2010年相关城市月平均气温和降水柱状图整理）

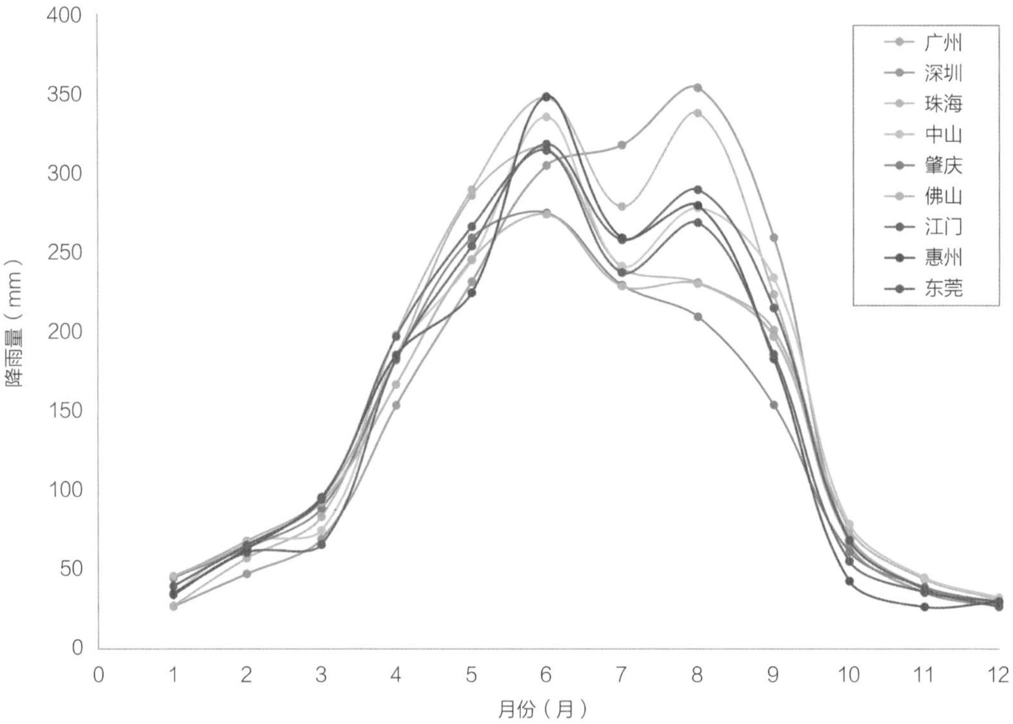

图2-1 大湾区9个内地城市1981—2010年月平均降雨量图

（资料来源：根据中央气象台—城市预报—1981—2010年相关城市月平均气温和降水柱状图整理）

大湾区9个内地城市1981—2010年月平均气温统计表（单位：℃） 表2-2

城市	时间											
	1月	2月	3月	4月	5月	6月	7月	8月	9月	10月	11月	12月
广州	14.9	17.1	19.4	23.3	26.9	28.6	30	29.7	28.4	25.7	20.9	16.5
深圳	16.1	16.7	19.5	23.4	26.6	28.5	29.3	29.2	28.2	25.8	21.7	17.5
珠海	15.6	16.3	18.9	22.9	26.2	28.2	29	28.9	27.7	25.5	21.4	17.1
佛山	14.4	14.7	18	22.3	26.1	28.4	29.5	29.8	28.1	25	20.2	15.6
惠州	14.9	15.9	18.6	22.8	26.2	28.3	29.2	29.1	27.8	24.9	20.7	16.3
东莞	15.5	16.2	19.3	23.1	26.5	28.6	29.4	29.5	28.2	25.6	21.3	17.1
中山	14.4	15.2	18.4	22.8	26.1	27.9	29	29	27.6	24.4	20.1	15.7
江门	14.9	16	18.8	23	26.4	28.2	29.1	29	27.8	25.2	20.8	16.5
肇庆	14.8	17	19.1	23.2	26.6	28.5	29.6	29.6	28.2	25.5	20.7	16.4
平均	15	16.1	18.9	23	26.4	28.3	29.3	29.3	28	25.3	20.8	16.5

（资料来源：根据中央气象台—城市预报—1981—2010年相关城市月平均气温和降水柱状图整理）

为入夏，10～22℃之间为春秋，低于10℃为入冬，则大湾区4～10月为夏季，基本没有冬季，夏季持续时间长，光照充足，热量丰富。由于夏季与雨季基本重合，由于受海洋季风气候影响，大湾区夏季的月平均气温最高为广州的30℃，总体没有酷暑。冬季，由于来自西伯利亚冷空气被北部山岭阻挡，大湾区月平均气温最低月份为1月，月平均气温最低的城市是中山和佛山，为10.4℃，9个城市月平均气温最低为15℃，基本没有严寒（图2-2）。

2. 水文条件

大湾区位于我国第二大河流、中国境内第三长河流——珠江下游，珠江的三大支流——西江、北江、东江在此与三角洲流溪河、潭江、增江等诸河形成四大水系，共同构成纵横交错的河网水系后经过大湾区最南端的八大口门注入南海。丰富的过境客水是当地水资源的最大特点，根据广东省水利厅2021年6月28日发布的关于珠江三角洲水系的信息，珠江三角洲集雨面积为26820km^2，年均降雨量为1600～2600mm，年均产流量为280.7亿m^3，多年平均入境流量为3010亿m^3，从珠江三角洲入海的水量为3260亿m^3。过境客水流量大，加上大湾区地势平、落差小，汛期易发生江水入境导致洪灾。

珠江口的潮汐为不规则半日潮，平均潮差仅1～1.57m，属弱潮河口。珠江

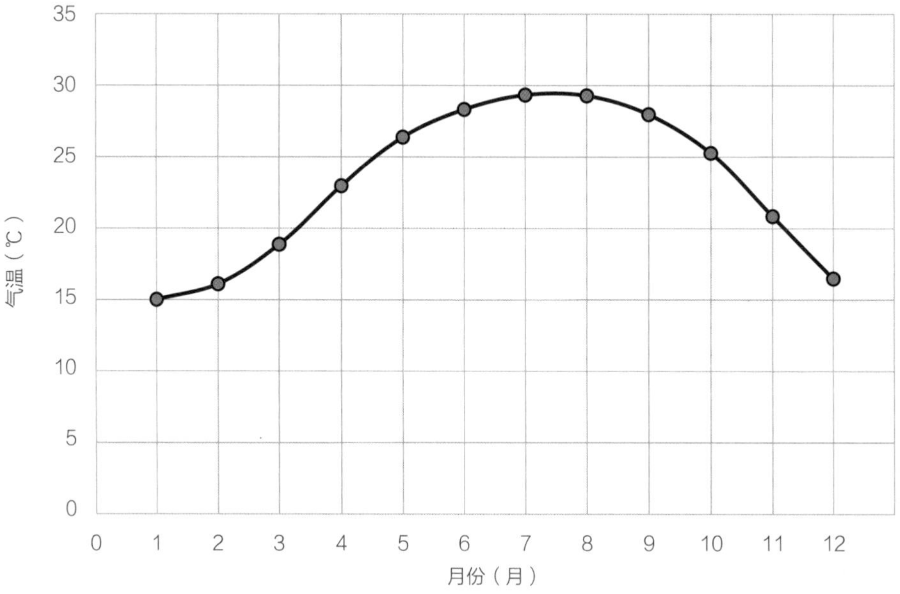

图2-2　大湾区9个内地城市1981—2010年月均气温图

水系在珠三角的河段多为感潮河段，河汊枯水期都在潮流界之内，在冬季或者干旱季节，当淡水河流量不足时，海水倒灌，较容易形成咸潮。加上珠江水系河道宽深，咸潮甚至能够冲入珠江三角洲深处，影响上游广州的自来水供应。

2.1.3　区域雨潮遭遇与基围联围

1. 雨潮遭遇

大湾区南侧的珠江三角洲平原总体地势低平，其中最南端珠海的地面高程低于2.0m，低于水利部珠江水利委员会（简称“珠江委”）公布的5年一遇潮位（表2-3）。根据记载，珠海最高潮位3.2m（下栅南闸站，1993年9月17日，珠基）。大湾区基围联围内外的平原河网多属感潮河段，加上过去过度采砂，造成河床下切，当遇到天文大潮或风暴潮时，则会出现不同程度的海水倒灌现象。如果与强降雨叠加，就会遭遇雨潮，大量海水从八大口门沿珠江河道向上游倒灌，且越向上游增水效果越明显，大幅抬高江水水位，不仅造成城区的雨水难以排出，还易发生海水、江水漫堤倒灌进城，造成严重的内涝灾害。2016年8月2日，根据大洋网讯，台风“妮妲”遭遇天文大潮，海水倒灌严重，导致珠江广州段局部水位比黄埔涌水位高出1m多；2018年，台风“山竹”登陆广东带来的强风暴雨，近海区域出现4～5m的巨浪，不仅沿海的珠海、深圳遭遇损失严重，位于大湾区顶部的广州不仅出现了珠江水漫滨江路的情形，还因海水倒灌导致市区多处发生严重内涝；2022年6月17日至22日，华南地区遭遇龙舟水暴雨，珠江流域出现流域性洪水，受洪水下泄及天文大潮叠加影响，大湾区各个城市均出现不同程度的内涝。

珠江委发布三灶站设计潮位成果表　　表2-3

成果名称	各频率年最高潮位（m）				
	1%	2%	5%	10%	20%
三灶站设计潮位（黄基）	3.736	3.456	3.086	2.806	2.526

（资料来源：根据《珠海市海洋农渔和水务局关于珠海西部城区首期开发区域（A、B区）防洪规划及排洪渠工程设计选用潮位资料的复函》（珠海农渔水函〔2014〕251号），水文站设计潮位成果采用珠江委公布的计算成果）

2. 基围联围

大湾区的土地是经过数万年沉积发育形成的复合型三角洲平原，而基围则是珠江三角洲的劳动人民为适应当地的自然环境条件，千百年来在与洪水、海水、潮水共处和斗争过程中，融合南北方文化与生产技术，创造出的独特的农业生产方式。基围也称“堤围”，通常沿江河及主要河涌支流修筑，围内为成片的基塘、沙田等，并配套建设纵横交错的排灌沟渠。

为提高生产效率，形成与洪涝灾害抗争的合力，随着历史的发展，基围呈现不断延长、连接成片的趋势，从开始的以邻为壑，演变为整个村、整个乡甚至相邻乡的基围联结起来，形成联围，再进一步联结，形成大联围。在堤围上下游不同位置设置窦闸，平时通过调节泵闸联动启闭或控制不同开启幅度，联合调节围内外水量。汛期来临则关闭水闸，防止洪水倒灌；旱季则关闭下游水闸，贮存生产生活用水。

根据史料记载，基围在宋代已经出现，经过多年演变发展，形成珠江三角洲特有的基围水利设施。现在的基围经过联围阶段发展演化成为大联围，在新中国成立后，为增强原有基围的防洪排涝能力、提高水安全保障水平而进一步扩大联围规模而修筑完善或为提高联围抵御洪水的等级而加高培厚的，不但沿主要河流两岸修筑防护大堤，并延伸到支流河涌修筑联围，还通过优化河网线路缩短堤线，调整闸涵塞支强干，加强统筹管理，完善区域联调联排机制，进一步增强防汛抗旱、交通运输、水位调节等功能。经统计，西、北江三角洲主要大联围有58个，其中面积相对较大的联围有26个。

大湾区腹地的基围联围总体上随着整个平原沉积循环向海推进而不断跟进，

并逐步扩大规模成为大联围。新中国成立后新建的基围联围主要集中在沿海、沿珠江入海口一带，且大规模的围填海造田多集中于1985年前，1986年后建成的联围总体数量与规模较小。

2.1.4 区域海绵建设需求和挑战

1. 洪潮叠加的内涝风险大

大湾区为多雨地区，雨季暴雨频发，同时受到珠江客水、风暴潮影响，加上大湾区各城市均河网密布，沿海城市的海岸线绵长，各市防洪（潮）堤的配套建设进度与标准总体不一，流域联防联控的工作机制与应急智能调度能力尚未形成，加上冲积平原特有的地势平坦、低洼的特点，导致洪涝灾害多。

据历史资料不完全统计，珠江三角洲平均三年就有一次洪水，灾害往往会对沿岸居民的生命财产安全造成影响，特别是经济发达、人口密集、产业集聚的城区造成的经济损失则更是难以估量。主要成因：一是过境洪水来势汹涌。珠江流域的上中游地区以雨量充沛的高山丘陵为主，汇水面积大，水力坡降大，导致形成的洪水峰高、流急、量大，中下游进入大湾区后成为平原河流，流域以冲积平原为主，不适宜建设规模较大的调蓄洪水、削减洪峰的水库湖泊，加上地势平坦，河床坡度小，宣泄能力低，因此珠江流域上游和中游一旦发生大范围连续强暴雨，形成的过境客水往往量大、流急、水深，严重威胁整个大湾区沿江、河、涌等区域城乡居民的生命财产安全，给大湾区各城市防汛抗洪工作带来非常大的压力。二是内涝防治任重道远。大湾区雨期长，雨强大，当遭遇连续强降雨时，很容易超过雨水管渠的设计收集、转输与排放能力，在城市地势低洼处形成内涝水浸。如果同时上游也出现连续强降雨，洪水归槽后往往会形成汹涌的过境洪水，抬高水位，不仅影响大湾区城市的涝水外排，甚至还可能漫过或冲毁防洪堤，对大湾区的抗洪防涝减灾工作造成非常大的压力。如果再叠加风暴潮，海水沿珠江河道倒灌，对上游下泄的洪水形成顶托，降低流速，壅高水位，造成堤外水位高于堤内水位的危险情况，则可能会导致更加严重的内涝灾害。三是全球气候变化加剧的影响。近年来，全球气候变暖和城市化进程加快导致强降雨与洪水、持续高温与干旱等极端天气气候事件的发生呈现越来越多、越来越剧烈的趋势。如根据澳门公开的2016—2022年的日降雨量数据（图2-3），可以看出2021年开始出现日降雨量超过200mm的情况，且2022年也再次出现，而在2016—2021年则未出现过。

另外，大湾区旱灾频率与广东省水平相近，通常以秋旱、春旱甚至秋春连旱的形式出现。根据1979—2000年20年的气象资料统计，发生旱灾的年份有10年，

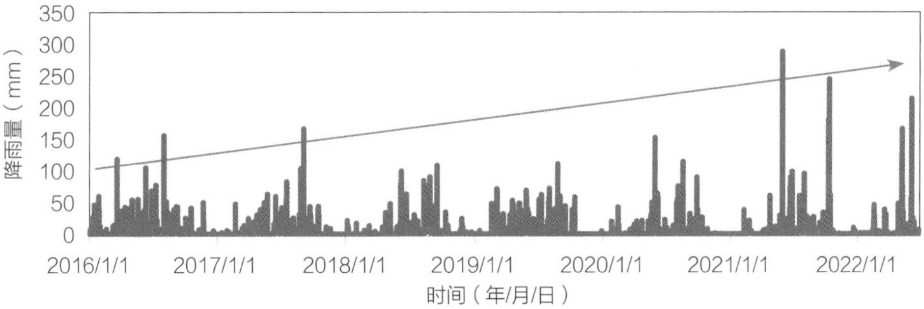

图2-3　2016年1月—2021年12月逐日降雨量统计

（资料来源：根据澳门公开数据绘制）

占比达到50%。旱灾严重的年份，会造成大型牲畜甚至居民饮水困难，作物减产甚至绝收。

2. 城市水环境提升需求高

大湾区在过去几十年经济快速发展过程中，排放的污水不可避免地对区域、流域水环境造成严重污染。大湾区作为广东省经济最发达、人口最密集的区域，同时也是广东省排放“大头”与“主力”，废水污水排放总量占全省的70%以上。近年来广东省加强水环境综合治理，集中力量打响了污染防治攻坚战，并取得了较好成效。根据广东省2021年河湖长制工作公布的考核结果，截至2021年年底，149个国家地表水考核断面的水质优良率超过88.5%的年度目标，其中位于大湾区重度污染的茅洲河、石马河等劣Ⅴ类水体水质全面好转，呈现岸绿水清、游鱼穿梭的生态本色，广州、深圳等城市建成区的黑臭水体全面消除。但是，大湾区城市水环境问题仍然存在，个别城市河道污染比较严重，提升需求非常紧迫。

一是面源污染治理任务艰巨。相关研究已经表明，城市初期雨水径流冲刷地面、路面、屋面等沉积物产生的污染物负荷高于城市生活污水，是影响河湖水系等水体水环境的主要污染源之一。参考对珠海市典型老城区合流制排水小区为例进行的分析研究，该地区地表街尘的静态累积量为$28.81g \cdot m^{-2} \pm 10.69g \cdot m^{-2}$，冲刷量为$19.27g \cdot m^{-2} \pm 10.90g \cdot m^{-2}$，其中极细颗粒物（粒径<20μm）吸附污染物浓度最高，同时其转化为水质中的悬浮物（Suspended Substance，简称SS）的能力也最强。降雨特征影响了污染物的贡献率，其中地表径流对各污染物的贡献范围为2%～52%。由于建成区城市更新情况复杂，周期较长，需要分批分片逐步推进。根据《国务院办公厅关于推进海绵城市建设的指导意见》（国办发〔2015〕75号）关于“到2020年，城市建成区20%以上的面积达到目标要求；到

2030年，城市建成区80%以上的面积达到目标要求，黑臭水体总体得到消除”的总体要求，初步估计至2023年末各城市建成区达到目标要求面积的比例平均不超过40%，要达到80%的目标，这是一项长期的艰巨的工作任务。

二是局部点源污染问题仍比较突出。根据中央第四生态环境保护督察组于2021年12月向广东省反馈的督察情况，在大湾区内地9个城市中，个别城市污水管网缺口较大，大量污水直排，已建成的污水管网老化、破损问题严重；部分流域和城市内河涌污染严重；少数工业园区集中式污水处理设施建设缓慢，园区企业存在污水直排、超标排放问题，个别水质净化厂运行不稳定，处理尾水时有超标，雨天污水溢流问题突出；部分地市渗滤液处置短板突出，垃圾填埋场地下水和周边水体受到污染；珠三角河道非法洗砂洗泥行为日益猖獗等水环境问题。

3. 水资源不足与生态损害

大湾区的河网水系主要是由原住民在珠江四大主干水系基础上围垦造田或随着陆地向海延伸在围海造田过程中保留、新建、改造而成的，基、塘与河网水系相融相依的肌理脉络已经成为珠江三角洲的地理形态特征。而随着人口增加、生产能力的提高，部分支流河涌的泛洪区与蓄洪区逐步被围垦蚕食，特别是城市化进程中裁弯取直的石砌河堤越来越成为河道治理的时尚形式，甚至部分市区的河底也一度被硬底化、暗渠化处理，房地产业向河、海、山、湿地、林地、绿地等生态空间发展的势头日趋严峻，填海、填湖、填河、挖山、毁林等危害生态环境的行为时有发生，河网水系的生态系统遭到严重破坏。

同时，区域亦存在较为严重的水资源不足的问题。一是资源性缺水，广东省6个地级及以上缺水城市中，位于大湾区的有5个，即广州、深圳、佛山、中山、东莞。其中，作为大湾区经济增长极与动力引擎的香港、澳门、广州、深圳等核心城市，其人均水资源量均非常低，特别是广州和深圳属于重度缺水城市。二是水质性缺水，由于大湾区的所有城市均因水而生，临水而建，从诞生之日起，均以珠江水系里的淡水作为供水水源。尽管随着水利事业发展，各城市均结合地形地势建成了一批山塘湖库，但受总体平原地形制约，新增调蓄能力受限，珠江水系上游来水作为大湾区各城市供水主要水源的地位难以撼动。在旱季，珠江水系上游来水量变少、水位下降、流速降低，极易因咸潮上溯而导致入海口及上游取水口含盐度超标，造成江水滔滔不绝却无法取水的窘境。

2.2 › 区域海绵城市建设思路

2.2.1 年径流总量控制率目标科学确定与分解

年径流总量控制率是构建低影响开发雨水系统的最直接规划控制目标，且径流污染控制目标、雨水资源化利用目标大多也可通过径流总量控制实现，因此，其合理取值直接影响着海绵城市规划与建设的科学性与可行性，关系着海绵城市建设的投资效益及经济、社会、环境效益。

根据发达国家的实践经验，年径流总量控制率最佳为80%～85%，这是基于发达国家人口密度低、原有生态环境保护较好、开发建设前自然地貌为绿地的基础上，按照绿地的年雨量径流系数为0.15～0.20考虑测算的，这显然与大湾区开发建设前河网密布、土壤渗透性差等主要下垫面种类及径流系数相差较大，且未考虑年平均降雨量等气候因素，因此不能盲目照搬照抄发达国家的经验数据。同样，同一分区内地理位置相近、降雨特征相似的城市，相同年径流总量控制率对应的设计降雨量也不相同，甚至相差也较大。比如同处年径流总量控制率分区图中Ⅴ区的大湾区内的广州、深圳、珠海、中山、佛山，年径流总量控制率70%对应的设计降雨量分别为25.2mm、31.3mm、28.5mm、24.9mm、26.7mm，显然也不能直接套用。因此，年径流总量控制率目标的制定需要考虑区域气候、地形地貌、土壤渗透性等自然条件差异，且对于设计降雨量大的地区，需考虑绿地空间、资金等因素影响而合理确定。

1. 国家海绵城市指南的要求

为贯彻落实中央城镇化工作会议精神，大力推进建设自然积存、自然渗透、自然净化的“海绵城市”，住房和城乡建设部于2014年先行印发了《海绵城市建设技术指南——低影响开发雨水系统构建（试行）》（以下简称《指南》）。《指南》对我国近200个城市1983—2012年日降雨量统计分析，分别得到各城市年径流总量控制率及其对应的设计降雨量值关系，并据此将我国大陆地区大致分为5个区，并给出了各区年径流总量控制率α的最低和最高限值，即Ⅰ区（$85\% \leqslant \alpha \leqslant 90\%$）、Ⅱ区（$80\% \leqslant \alpha \leqslant 85\%$）、Ⅲ区（$75\% \leqslant \alpha \leqslant 85\%$）、Ⅳ区（$70\% \leqslant \alpha \leqslant 85\%$）、Ⅴ区（$60\% \leqslant \alpha \leqslant 85\%$）。整个大湾区的城市位于Ⅴ区（图2-4），年径流总量控制率取值范围为$60\% \leqslant \alpha \leqslant 85\%$。

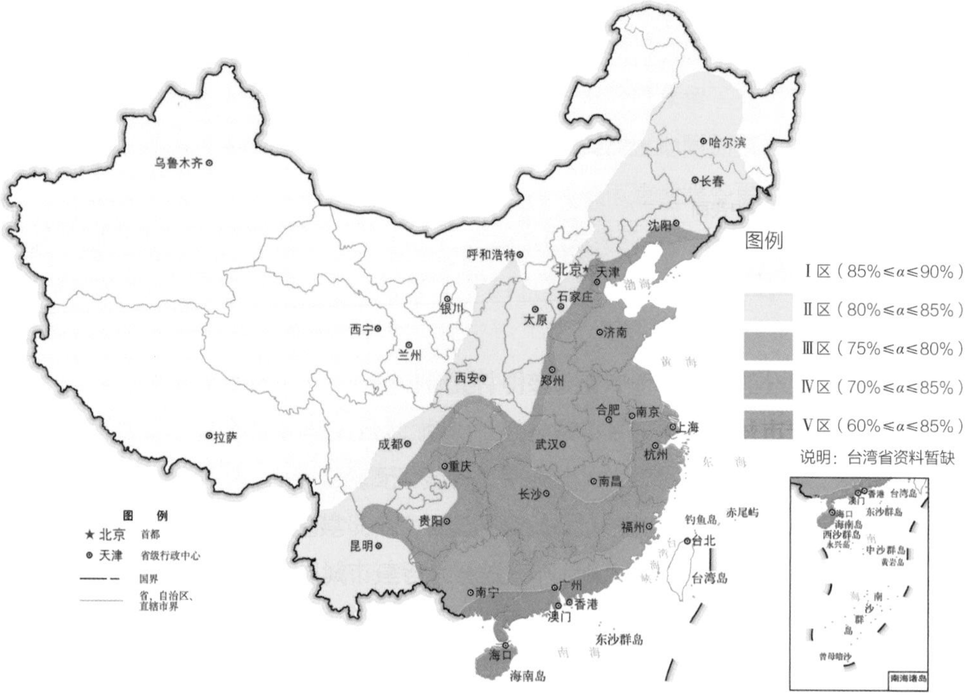

图2-4　我国大陆地区年径流总量控制率分区图

（图片来源：摘自《海绵城市建设技术指南——低影响开发雨水系统构建（试行）》）

2. 城市开发前水文特征分析

海绵城市建设最直接的目的是恢复到城市开发前的水文状况，因此评估分析城市开发前的水文状况是确定区域年径流总量控制率的主要方式之一。以珠海市金湾区为例，通过选取金湾区内4块面积为2.036km^{2}的典型未开发用地区域，统计其下垫面类型，其中未利用地的平均占比为68.25%，农村道路占比1.19%，房屋占比25.32%（表2-4、图2-5）。

将上述4块典型未开发用地下垫面比例，作为金湾区城市开发前的下垫面情况，以30年逐日降雨量作为降雨数据，采用SWMM模型模拟评估结果的均值作为金湾市城市开发前的水文本底值。经模拟，金湾区城市开发前径流出流总量为576.76mm，占比28.31%，可认为是金湾区未开发土地的自然径流状况。根据模拟结果，开发前的径流总量控制率为71.69%（表2-5）。

典型用地下垫面现状 表2-4

下垫面情况	面积比例（%）				
典型区域	房屋	道路	未利用地	水域	总计
横石基村	32.24	1.12	65.85	0.79	100
中心村	24.89	1.77	68.84	4.5	100
定家湾村	25.48	0.90	66.54	7.08	100
三板村	18.67	0.97	71.77	8.59	100
均值	25.32	1.19	68.25	5.24	100

图2-5 4块典型未开发用地的下垫面情况

（*a*）横石基村；（*b*）中心村；（*c*）定家湾村；（*d*）三板村

模拟结果统计表 表2-5

序号	区域	30年降雨量（mm）	总蒸发量（mm）	总入渗量（mm）	总径流量（mm）	年径流总量控制情况（%）
1	横石基村	2037	1205.56	213.50	617.94	69.66
2	中心村	2037	1312.74	183.35	540.91	73.45
3	定家湾村	2037	1032.54	408.82	595.64	70.76
4	三板村	2037	1153.47	330.97	552.56	72.87
均值		2037	1176.08	284.16	576.76	71.69

3. 控制目标的投资效益分析

根据年径流总量控制率与对应的设计降雨量关系可知（如图2-6所示），年径流总量控制率与对应的设计降雨深度呈正相关关系，且可用相应交点处切线的斜率表示。假设控制单位设计降雨深度与相应配套海绵设施的综合成本呈正比关系，则可认为年径流总量控制率与相应设计降雨深度的综合成本呈正相关关系，其值即为相应交点处切线的斜率。由图2-6可以看出，通过不同交点处切线的斜率从坐标零点附近开始，斜率值较大，随着年径流总量控制率的提高，切线的斜率值不断变小，表示投资效益随着年径流总量控制率的提高呈下降趋势。即在年径流总量控制率取值较小时，只需小幅提高综合成本即可实现年径流总量控制率的大幅提高，表示该阶段投资效益较高；当年径流总量控

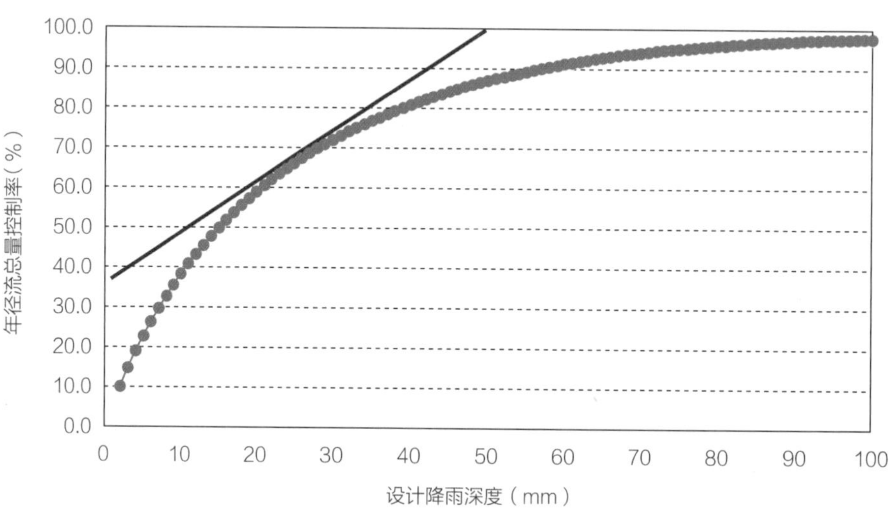

图2-6 珠海市金湾区年径流总量控制率与设计降雨量对应关系图

制率提高到60%～70%时，该区间切线的斜率呈相对稳定状态，表示投资效益也基本保持稳定；当年径流总量控制率超过70%时，切线的斜率呈较快下降趋势，表示投资效益开始下降，且呈加快趋势。因此，在年径流总量控制率取值低于70%时，投资效益较高，在达到70%后，再片面提高年径流总量控制率，会降低投资效益，并增加地方财政与项目投资方的负担，导致海绵城市建设推进难度增大。

4. 综合考虑合理确定控制目标

当年径流总量控制率超过一定值时，雨水的过量收集、减排会导致原有水体的萎缩或影响水系统的良性循环。因此，从维持区域水环境良性循环及经济合理角度出发，年径流总量控制目标也不是越高越好，需综合考虑当地水资源禀赋情况、降雨规律、开发强度、低影响开发设施的利用效率以及经济发展水平等因素，并从维持全域水环境良性循环及投资效益合理性角度出发，综合考虑多方面因素，权衡利弊后合理确定。

以珠海金湾为例，区域未开发前城市水文状况为72%的年径流总量控制率，且当年径流总量控制率大于70%时，年径流总量控制率提升带来的投资效益显著下降，因此最终确定珠海金湾海绵城市建设目标为年径流总量控制率为70%，对应设计降雨量为28.5mm（表2-6），且位于《海绵城市建设技术指南》关于Ⅴ区的年径流总量控制率取值范围（60%≤α≤85%）内。

珠海市金湾区年径流总量控制率与设计降雨量关系表　　表2-6

年径流总量控制率（%）	60	65	70	75	80	85
设计降雨量（mm）	20.7	24.6	28.5	34	40.5	48.4

5. 科学分解年径流总量控制率指标

一个城市的规划年径流总量目标确定后，需要通过城市总体规划、分区规划、控制性详细规划、修建性详细规划等层面的海绵城市规划中从上向下逐级分解到各区，再分解到排水分区，最后分解到项目地块，由具体项目负责落实落地。由于各功能分区的地形地貌、土地利用现状和规划情况、绿地和水系等生态性用地占城市建设用地的比例、生态格局建设和保护思路、受纳水体环境目标等不同，因此，逐级分解的指标并不完全相同。

比如在金湾红旗镇，由于镇政府驻地属于建成区，落实海绵城市指标的空间较少，现状管网设计标准偏低，且受城市更新计划的制约，因此，分解到建成区内排水分区的年径流总量控制率指标为65.0%，新建区内排水分区分解的指标则介于70%～80%，个别最高达到85.0%（图2-7）。不同用地类型、不同占地面积、不同区位的项目地块分解的指标也不尽相同，比如工业类项目指标往往小于公用类项目的指标，邻近重要水域的项目分解的指标往往高于远离重要水域的项目指标，只需要下一级指标加权平均后满足上一级指标的要求即可，以此类推，逐级加权平均，最后应满足市级的指标要求。通过不同层级规划，因地、因项目、因区位制宜，科学分解年径流总量控制率指标，最终确保规划目标的落实。

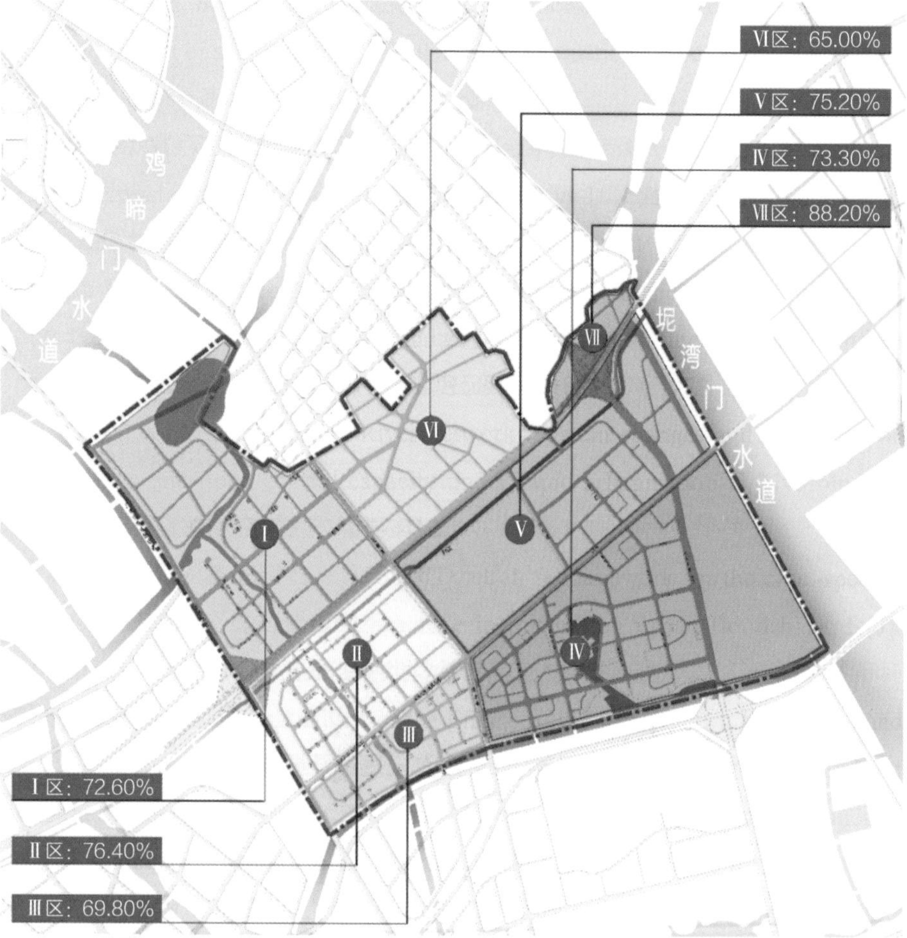

图2-7 珠海市金湾区红旗镇试点区内各排水分区规划径流控制率示意图

（图片来源：摘自《珠海市西部中心城区海绵城市试点区（金湾区）建设系统方案》）

2.2.2 联围感潮河网地区内涝防治体系的构建思路

1. 问题导向的老城区积水点整治思路

大湾区洪涝灾害多，旱灾多，联排联调是珠三角联围感潮河网地区人民多年来与洪水、内涝、潮水及旱灾斗争中逐渐形成的宝贵经验，也是岭南水文化中的宝贵财富。按期检修维护设施，汛期到来前预排预泄腾出空间（旱季则多引少排储存河水），汛期根据雨情、水情统一调度上下游窦闸设施，控制引排节奏，实现有机联动。通过对全部人员的组织调度与设施的协调联动，发挥系统化效应，提高防御洪涝灾害的能力与水平。

由于上下游的河网水系、建成区的地形地势等基本没有太多的改变，因此，针对联围平原地区的老城区内涝积水点整治，应把海绵城市建设理念、要求与水情、区情结合分析，提出了“源头减排、过程蓄排、末端强排”的联排联调技术路线。

（1）扎实推进源头减排

结合城市更新，在老旧小区综合整治和相关市政道路改建项目中，见缝插针，尽最大可能融入海绵城市建设理念，确保建设改造后的雨水径流峰值和径流总量不增大（图2-8、图2-9）。由于此类项目通常没有新增绿地等可落实海绵设

（*a*）　（*b*）　（*c*）

图2-8　东鑫花园海绵城市改造前中后照片

（*a*）改造前；（*b*）改造中；（*c*）改造后

（*a*）　（*b*）　（*c*）

图2-9　中保新村海绵城市改造前中后照片

（*a*）改造前；（*b*）改造中；（*c*）改造后

施的空间，除雨污分流要特别关注外，还应重点关注铺装透水、绿化下凹、立沿石下卧、雨落管断接等方面，整合小区内有限空间资源，统筹解决停车难、路破损、绿化差等问题，并结合周边道路更新，阻断客水进入低洼小区的路径，缓解老旧小区易发的内涝水浸问题。对尚未开展城市更新建设的老旧地块赋予海绵城市建设管控指标。

（2）强化过程控制保障雨水出路畅通

根据城市更新计划，分期分批实施老城区内主干道、次干道及支路升级改造，首要目标是打通建筑小区管网分别与末端水体及净水厂的联系，做好城市的“里子”（图2-10）。主要建设内容一般包括：新建污水管，原有合流制干管保留为雨水管，实现雨污分流，并对雨水管渠进行清淤维护，保证雨水出路畅通；新建污水管网，消除点源污染源；道路标高提升，消除内涝积水点及隐患；结合道路结构层整治和面层重铺，重建排水检查井和雨水口；有条件的道路，实施透水人行道及绿化分隔带海绵化建设，做到地下隐蔽工程与路面工程“表里一致”。

（*a*） （*b*） （*c*）

图2-10 广安路道路改造现场照片

（*a*）改造前；（*b*）改造中；（*c*）改造后

（3）工程措施与管理手段并重实现系统治理

大湾区感潮河网地区密布的河网水系是开展系统治理的载体与支撑，应本着适度超前原则，优先集中力量实施河道拆违疏浚清淤工程，构建蓄滞洪空间；贯通主干河网，畅通天然雨洪通道；生态修复河湖水系，提高水体对污染物的消纳能力；升级老城区泵站，打破行洪排涝的瓶颈；完善沿海排涝水闸和排涝泵站，补足外挡与强排短板。通过智能化平台对水系的水质、水量、流速及外潮水位等指标在线监测，根据雨情、上下游水情及外海潮汐情况，通过平台的智能化计算分析，统一对全部河湖水系、泵站闸门等进行联合运行、联合调度，实时调控上下游河湖水系的水位，预留调蓄空间，阻挡海水与潮水倒灌，加快排放速度，发挥“1+1>2”的系统效果与海绵城市建设的连片效应。汛期结束前，根据天气预报情况，超前谋划，在保障水安全的前提下，利用天然与人工调蓄空间，为旱季蓄留更多宝贵的水资源，并在实践中继承与发展大湾区联围感潮河网地区联排联调的农水文化（图2-11）。

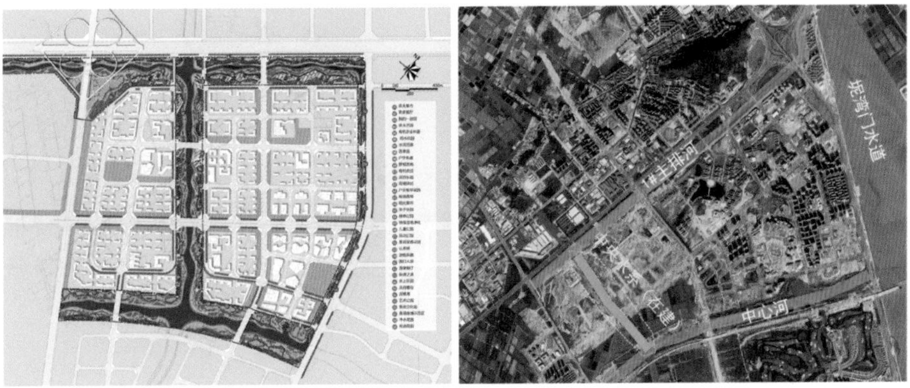

（*a*） （*b*）

图2-11 中央水系连通工程总平面图及区位图（在建）

（*a*）总平面图；（*b*）区位图

2. 蓝绿灰融合的新区内涝防治体系

大湾区地处三角洲平原，沃野平坦，四水并流，水量充沛，因此，大湾区的城市都是因水而生，因水而兴。同时大湾区属亚热带海洋季风气候区，雨季时间长、降雨强度大、汛期时间集中且频率高，加之城市水文效应和地势低平等因素制约，强降雨与潮汐叠加时有发生，特别是台风带来的强降雨往往和风暴潮同时出现，河道不仅行洪受阻，还成为海水进城的快速通道，仅依靠河道的行洪排涝功能难以满足防大汛、抗大洪的需要，局部内涝时有发生，因此，大湾区各城市对汛期由洪水、涝水、潮水特别是二者甚至三者叠加造成的危害均深有体会。大湾区在与洪涝灾害斗争的过程中，积累了非常多的经验与教训，其中最重要的一条就是：任何单独一个部门、一项工程、一项措施，都不可能有效防治，需要统筹考虑，综合举措。金湾区在新建区B片区及航空新城核心区海绵城市试点建设过程中，按照系统性思维，全流域谋划、系统施策，通过流域、区域、项目三级层面的逐级深入梳理，深入推进源头减排、雨水管渠控制、河湖水系排涝除险三级系统叠加，构建了具有水友好型特点的海绵城市样板分区，为构建珠江三角洲联围感潮河网地区新建城区的内涝防治体系提供了行之有效的经验模板，为未来城市新区开发在水安全保障体系构建方面提供了宝贵的方案借鉴。

（1）流域尺度的内涝防治体系构建

从流域尺度修复、保护水脉，严守城市蓝线绿线，通过水系连通构建自然生态水安全格局（图2-12），在此基础上加强阻拦海水在强降雨期间倒灌城区的灰色联围、水闸及涝水强排泵站等灰色设施的建设或提标，共同构建整个大联围围合封闭的、大联围间相对独立的且构成完整体系的流域防洪排涝系统。下面以B片区及航空新城核心区为例进行简要说明。

图2-12　珠海市金湾区规划水系图

（图片来源：《珠海市金湾区海绵城市专项规划（2017—2030年）》）

B片区及航空新城核心区位于珠海市十大堤围中，由红旗、小林、三灶、白蕉4个联围整合的白蕉大联围范围内，均为围垦而成。在开发前基本以围垦地、冲积地为主，地势平坦低洼，现状多为农田、鱼塘、沼泽。中心河为围垦过程中形成的主灌溉河道，河底为土渠，周边沿海沿江的联围以防洪（潮）除涝功能为主。

1）构建流域层级畅通的超标雨水行泄通道。一是保留中心河作为片区主要泄洪通道、受纳水体，规划宽度70～120m，蓝线管控范围90～140m，设计常水位0.6m，最高水位2.7m，有效水深4m；二是通过新建中央水系（南段）和双湖路排洪渠，将中心河和1号主排河连通，作为消纳片区超标雨水径流的辅助通道，其中中央水系（南段）规划宽度50～90m，蓝线管控范围70～110m，设计常水位0.6m，最高水位2.7m，有效水深3.5m；双湖路排洪渠规划宽度15m，蓝线管控范围31m，通过连通两条主干河道，共同做功，进一步提升片区防洪排涝能力与安全系数。

2）大幅拓展蓄洪行洪空间。一是在河道蓝线绿线范围的规划建设过程中，融合海绵城市建设系统治理的理念，将中心河、中央水系等规划绿线与蓝线范围内的用地统筹考虑，取消刚性河堤与硬质防汛墙。河道及驳岸从竖向统一角度出发，在采用生态岸线的基础上，将河道建设与河岸景观带进行整体规划。中央水系及中心河分别打造185m和200m的蓝绿生态廊道。通过绿带与水系同步规划、同步设计、同步施工，蓝绿空间实现了有机融合、无缝衔接、弹性分隔、功能叠加。河堤整体平缓放坡的竖向布局变相增加了河道的行洪断面面积，随着水位增高，过水断面加速变宽，行洪能力快速提高。如中心河堤岸绿地平均宽度约70m，岸顶高度3.6m，与河道百年一遇水位2.7m尚相差0.9m。当达到最高水位2.7m时，驳岸设置的雨水湿塘、滨水步道、大部分植被缓冲带均被淹没，成为雨水临时滞蓄空间，辅助中心河泄洪。二是河道驳岸绿地采用敞开式，过水断面大，可以保障周边区域可能导致洪涝灾害的径流雨水以较低的流速、较短的时间通过绿地漫流进入河道，避免建筑小区与道路广场积水。同时，径流雨水通过驳岸绿地内的植被缓冲带、植草沟、雨水花园、下凹式绿地、雨水湿塘及湿地等低影响开发设施滞留、净化后注入，进一步提升汇水区内雨水峰值流量削减及径流污染控制能力。在系统中不同部位种植的滨水、挺水、沉水及浮水植物与水生微生物、动物群落组成自然稳定的水生态系统，提升河道水环境容量，保障水体自净能力。

除中心河（图2-13）、中央水系外，试点区外的大门口水道、红旗河等主要河道两侧有条件处均采用此类手法（图2-14、图2-15），金湾区已将海绵城市建设理念贯彻至全区的生态廊道建设过程。

图2-13　中心河绿带与生态堤岸融合实景图（航拍）

图2-14　大门口水道旁梯级生态缓冲带实景图

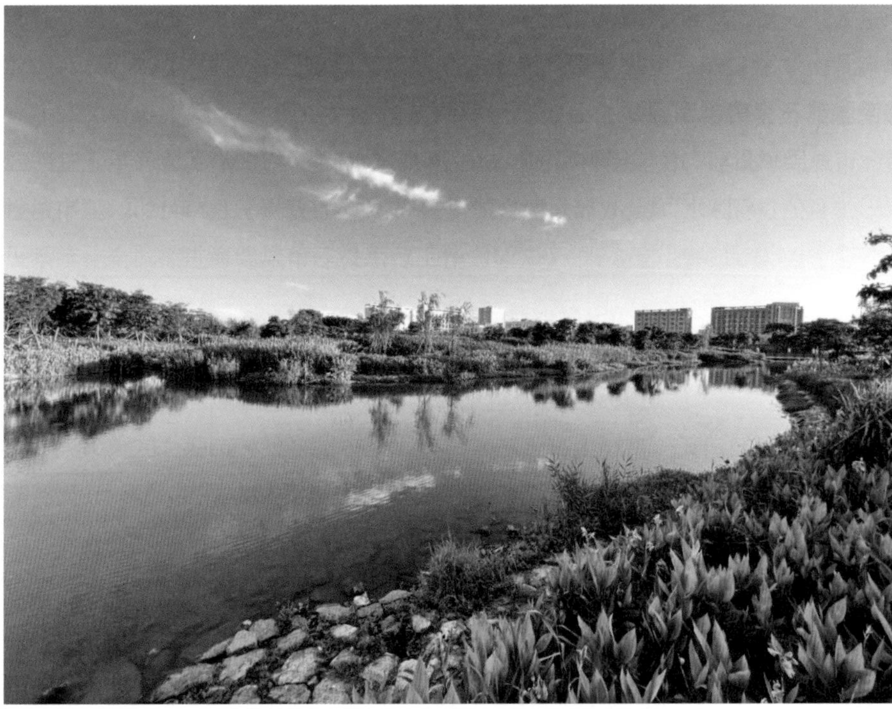

图2-15 红旗河畔虹晖湿地公园实景图

3）着力强化防风暴潮倒灌与雨水强排设施。针对联围感潮河网地区特有、常有的海水沿河道倒灌影响行洪，甚至台风期间风暴潮越过联围（海堤或江堤）倒灌入城区的严重情况，金湾区在梳理蓝绿空间、提高内部行洪与蓄洪能力基础上，系统化提高外阻海水倒灌、强排河水出境的能力。一是加固加高联围的外层堤围（包括相邻大联围间沿界河的堤围），降低风暴潮期间海水越堤的风险，控制强降雨期间因风暴潮倒灌城区造成雪上加霜的严重后果，也有效避免相邻大联围向界河强排雨水时造成的相互伤害，提高大联围整体防御风暴潮的能力；二是沿河口新建或改建高标准的水闸，与联围构成一体化有效阻隔海水与风暴潮入侵的“闭合长城”，即可避免潮汐倒灌，也可用于日常河道水位高于闸外水位时开闸排水，调节河道水位；三是设置高标准的强排设施，与水闸、防洪体系有机衔接，具备在强降雨发生时把汇入河道内的超标雨水及时排出，为上游径流雨水快速汇入准备充足的空间通道与较大水位差，缩短地面径流在城区道路等处滞留时间，避免内涝积水现象的产生。如在中心河下游汇入坭湾门水道处设2号闸，设计过闸流量Q=358m^3/s，设计标准为50年一遇。闸前建设西湖泵站，设计流量为37.5m^3/s，设防标准为50年一遇，进一步提升流域防洪能力。在1号主排河入白龙河出口处也新建了排涝泵站与水闸。

（2）区域尺度的内涝防治体系构建

从区域尺度把握城市竖向开发，预留蓝绿空间，优先构建城市雨水主管网，为水理清出路。

首先，对城市道路及地块开发竖向进行梳理。试点区新建片区开发前场地标高在-1～1m之间，难以满足片区排水防涝需求。《珠海市西部中心城区B片区控制性详细规划》规定，B片区市政道路标高应以满足给水排水管网的综合敷设要求为前提，道路最低控制标高为3.4m。各地块内场地标高至少比四周道路最低点高出0.2m，区域内各地块标高至少高于3.6m。在实际项目规划建设过程中，为确保场地水安全，各地块基本采用四周道路最高点位基准对地块内标高进行控制，场坪标高基本在4.0m以上，比中央水系百年一遇设计水位（2.7m）高1m多。

其次，地块及市政排水管网严格按照雨污分流排水体制建设，并加强对排水管网的检测摸排，及时进行管网清淤及病害修复，杜绝混接、错接情况，保障管网正常运行。

最后，航空新城片区在顶层设计过程中，结合城市竖向，规划金山公园、中心湖等蓝绿雨水滞蓄空间，进一步提升市政设施周边区域的雨水滞蓄能力，发挥削峰错峰功能，缓解城市内涝（图2-16、图2-17）。

（3）项目尺度的内涝防治体系构建

在流域与区域尺度的水系统格局梳理完成之后，对建筑小区、市政道路、市政绿地等建设项目进行全流程管控，保障项目将海绵城市建设理念融入各项目雨水系统的设计过程中，有效发挥建筑小区、道路绿地等众多减排项目对雨水的吸纳和缓释作用。

经模拟评估，航空新城核心区雨水系统整体达到5年一遇排水标准以及30年一遇内涝防治标准。片区内涝防治体系构建完成后，历经2018年“艾云尼”等强

图2-16 金山公园下凹草坪市政道路雨水泄流入口

图2-17 中心湖湖底水生态构建施工过程照片

台风天气与2018年8月11日、2019年5月27日、2021年6月1日、2022年5月12日等特大暴雨天气，均未出现内涝现象，中心河水质稳定维持在Ⅳ类。

2.2.3 集约节约利用土地落实海绵理念的建设思路

1. 高强度开发新城公园海绵化创新建设方法

城市公园或公共活动广场是城市中极为宝贵的大面积用地空间，不仅是群众集会交往、休闲娱乐、庆祝联欢等活动的公共活动空间，也是重要的场地型应急避难场所。按照常规传统的大型户外广场做法，主要是采用大面积石材铺装，中间点缀绿地、树木、花草和喷泉，配套城市家具和建筑小品等，这种做法势必为新城区的核心区增加一块较大的不透水地面，加快雨水径流峰值形成，放大强降雨的局部内涝灾害程度，增强城市热岛效应。

如何充分利用这种大面积的公共空间用地，不仅完整保留原规划的城市广场功能，还要通过落实海绵城市理念，为片区增加一块“大海绵”，为居民打造一个生态的、绿色的公园型广场，不仅可以落实地块自身年径流总量控制率指标，还能统筹考虑解决周边地块更大范围雨水的消纳，增强整个区域抵御内涝灾害的“韧性”与“弹性”。这项需要多目标有机融合、多专业无缝衔接协同的前期方案设计工作，是海绵城市建设中通过功能叠加实现集约、节约利用土地，推动海绵理念发挥引领作用的重要攻关课题。

以金湾区金山公园为例，经多轮方案设计与论证比选，最终选择了纽约中央公园的做法，以新城绿肺为设计目标的广场公园化、生态化和海绵化的建设方案。

（1）中央草坪设计

将大面积的活动空间设计为中央下凹草坪、叠加蓄洪滞洪功能的低影响开发技术路线——结合景观造景和雨水自流需求，对场地竖向进行优化设计，将大广场或公园中央部分大面积区域统一采用草坪作为下垫面，竖向采用从四周向中心缓坡下凹、中心大面积地势总体平坦的形式，建成具有一定深度的下沉绿地，全面完成对设计降雨量标准以内雨水的海绵化处理，在强降雨发生时，成为临时储蓄雨水的“大水盆”，发挥削峰、错峰功能，缓解城市内涝。

（2）周边乔灌木种植

四周绿地空间种植高大乔木，搭配灌木及草本植物，打造林荫地带，除在林荫下配备城市家具、健身器材外，还要配套建设雨水花园等生物滞留设施，对周边地块汇入的径流雨水进行滞蓄、净化，慢行与步道采用透水铺装设计，对雨水进行净化下渗。

图2-18 金山公园实景图（航拍鸟瞰图）
（图片来源：金湾区海绵办）

（3）雨水资源化利用

由于项目自身占地面积较大，又汇集了周边部分地块的雨水径流，加上广场公园项目地下管网设施相对简单，便于建设雨水调蓄设施，为雨水规模化调蓄回用创造了条件。大量汇入中央草坪的径流，直接或通过传输性植草沟或旱溪间接传输到下凹部分的调蓄空间，净化后用于绿化浇灌、步道冲洗等，多余雨水排放至周边市政雨水管网。

在金湾区金山公园建设过程中，采用了上述设计方法。项目建成后（图2-18），相当于把大草原搬进城市，在城市中保留自然生态绿廊，不仅能满足群众日常休闲健身、重大活动集结、应急避难等基本功能，还能巧妙地将低影响开发建设理念与广场公园功能有机融合，并与城市雨洪管理系统无缝衔接，在汛期可发挥径流控制、污染削减、蓄排削峰等海绵城市功能，大幅提升高强度开发条件下新城区的韧性。金山公园的建设探索出适用于室外大型公共空间的公园化、海绵化、生态化的设计方法，以多功能、多目标融合为手段，实现土地资源集约节约利用，推动大型海绵设施落地。

2. 道路退线绿地排渠的海绵化创新建设方法

城市规划体系中，排洪渠与绿化分属不同行业与专业，在规划中分别占有不

图2-19　机场东路整体场地竖向图

图2-20　雨季机场东路运行情况实景图

同的落位。随着大湾区城市化的推进，经常遇到需要在现状绿化带中开挖沟槽，配建灰色排水设施的情形。如果为了恢复绿化，则要把明渠建成暗渠，在顶板上覆土，进行绿化。建设三面光的排水明渠甚至四面光的暗渠，不仅投资大，不环保，而且在大湾区感潮河网地区容易因不均匀沉降而破坏，如何在不占用宝贵绿地的前提下，为雨水顺畅排放找到路径，金湾区在机场东路东侧绿化带改造中进行了深入研究，并通过落实海绵城市建设理念，推动专业协同、蓝绿交融，实现用地共享、目标复合、功能叠加的目标。

首先，利用系统治理的思路对机场东路及海堤的竖向进行统一梳理，在保留原有排水理念及竖向设计的基础上，将海堤与绿带融为一体，将50m海堤景观带与机场东路东侧道路打造成“V”字形下凹式空间（图2-19），除消纳海堤自身雨水径流外，兼顾收集机场东路东侧半幅路面的雨水（图2-20）。下凹式设计不仅解决了机场东路东侧的排水问题，还使沿海机场东路直临坭湾门水道，形成通透、开阔的景观视野，极大提升了机场东路沿线住宅的景观价值。

其次，通过路缘石开孔将机场东路的雨水引入绿地范围，开孔处设置小型沉砂池等预处理设施。依靠绿地内的下凹式绿地、植草沟、雨水花园、透水铺装等设施消纳、净化汇集雨水。

最后，在海堤与车行道路之间设置大型生态排洪渠，超标雨水通过地表及溢流口汇集至排洪渠内，排洪渠末端接至1号主排河及中心河，最终排入坭湾门水道。

通过精细化的竖向设计及施工，渠身、海绵设施与景观绿化完美融合，仿佛一条色彩斑斓的丝带蜿蜒曲折地镶嵌在海滨的绿色大地上，同时发挥源头低影响开发设施与生态排洪渠的净化、调蓄等系统治理的功能，强化污染物控制，确保雨水达标后贮存或溢流排放；遇到超标降雨则发挥自然放坡行洪断面大的优势，提高行洪排洪能力，保障水安全，营造“绿渠流水见游鱼”的诗情画意。

通过对完工段的运行情况进行跟踪观察，在绿地空间充足的条件下，用绿色设施替代灰色设施，不仅能有效节省管渠敷设的大面积开挖、支护、回填及明渠防护栏杆与暗渠结构施工产生的投资外，还能有效避免填海区因地质条件差而引起的不均匀沉降对设施的破坏，技术可行，经济合理，值得推广。

2.2.4 传承弘扬大湾区特有农水文化生态遗产探索

承载大湾区的珠江三角洲成陆时间较短，但人类活动的历史比较悠久。考古发现5000年前，早在新石器时代已有居民在此繁衍生息，北宋时期已开始修筑堤围，遏制水患。南宋后，因避乱、经商等原因，中原及江南人南迁，人口逐渐增多，南北方文化在这片地势低平、山岛竦峙、四水并流、水网密布、河汊纵横、江海相拥的三角洲碰撞交融，在垦田耕种、打渔狩猎等生产生活中，逐渐孕育出独具岭南特色的人与自然和谐共生的水乡文化与农业生态系统——珠三角基围和“桑基鱼塘”。即把低洼地下挖作为鱼塘，挖出的泥土用来培高塘基（堤），在基围上栽种桑树、甘蔗或果树，桑叶养蚕，蚕沙及塘边野草喂鱼，塘泥肥桑，称为“桑基鱼塘”“蔗基鱼塘”或“果基鱼塘”，形成人与自然相和谐、生产和环境保护相融洽的人造农业生态循环。珠三角基围与长江中游垸田、长江下游圩田并列，成为我国古代圩垸水利开发的三种代表模式。其中，佛山市南海区西樵镇七星村于1972年被联合国教科文组织评为“桑基鱼塘”农田示范区。2019年，佛山基塘农业系统入选第五批中国重要农业文化遗产名录。2020年12月，佛山桑园围入选为第七批世界灌溉工程遗产，成为我国首个以基围水利为主体的世界级遗产，这标志着岭南水文化已经成为大湾区乃至全世界的宝贵文化财富。在海绵城市建设过程中，如何助力非遗活化，让千年基围文化在新时期生态文明建设中保持活力，在新一轮大湾区的生态文明建设中要更好地传承下去，并继续发扬光大、发挥效能，成为海绵城市建设一项重要的任务与目标。

经深入研究分析，金湾区找到了较好的切入点。在规划层面，选择一片原生态的区域保留下来，进行保护性开发，对现状集引水排灌、防汛抗旱、水运交通、养殖种植等多种功能于一体的基围水利工程实施河道疏浚、水系联通、活水畅流、岸线生态景观提升等工程，改善水生态环境，保障水安全，将原汁原味的岭南水乡生态基底成片区的规划建设为自然生态的水乡城市景观，“桑基鱼塘”“蔗基鱼塘”或“果基鱼塘”在新的城市经济社会发展中，向“菜基鱼塘”转化，打造成为新时期大湾区城市居民的“生态菜篮子”，保持勃勃生机与旺盛的生命力。在设计层面，针对开发中遇到的“桑基鱼塘”，采用“蓝绿融合”的

（*a*） （*b*）

图2-21 化身为生态湿塘的桑基鱼塘与香蕉树

（*a*）桑基鱼塘改为湿塘；（*b*）湿塘保留原基围上的香蕉树

海绵设计理念，在保留其本底形状及本土香蕉树等植被的基础上，通过底泥清淤及生态修复等措施改造为生态湿塘，用于雨水调蓄，并延续发挥“鱼虾天堂、鸟类食堂”的功能（图2-21）。在补水湿地净化植物的选择中，因地制宜选择了本地常见的粮食作物水稻，不仅利用水稻根系吸收水中污染物来净化水质，一年三熟的水稻收割也让城市居民感受到了农业景观赋予的乡情，寄托了城市化后无处安放的淡淡乡愁，成为寓教于乐的海绵城市科普教育基地。

2.2.5 保土促渗的属地化低影响开发设施技术研究

大湾区联围感潮河网地区地势平坦低洼，下面多冲积土和海积淤泥，原土渗透系数小，透水性较差，且沉积物总体较厚，根据对试点区土壤取样分析，取土深度1.60～1.80m为粉质黏土，土壤渗透系数为6.91×10^{-5}～8.67×10^{-5}cm/s，取土深度4.20～4.40m为淤泥质土，土壤渗透系数为0.811×10^{-7}～2.24×10^{-7}cm/s，下渗能力不足。根据地质勘察资料分析，金湾区混合地下水位埋深为−0.74～−0.26m，平均埋深为−0.46m，且随季节性变化较大，变幅为1.0～1.5m。

示范区地下稳定水位黄海高程为1.23～1.89m，且地下水水质对建筑物具有微腐蚀性。“渗、滞、蓄、净、用、排”六字方针是经国内外多年城市建设实践中总结出的经典措施、有效路径，是各个城市进行海绵建设应遵循的基本原则。为更有效缓解高强度降雨下城市的内涝风险，提升低强度降雨下城市的存蓄、净化能力，珠海市及金湾区对海绵城市六字方针充分研究，并对其进行了排序，以“排、净、滞、蓄”为重点措施，以“渗”和“用”为辅助措施。在此基础上，考虑到以金湾区为代表的大湾区面临水质性缺水的实际情况，在海绵城市建设过程中进一步加强雨水资源的有效利用，又对“渗”和“用”进行深入的论证，确定优先做足“用”的文章，把净化后的雨水更多地留在开发建设地块及河、湖、塘、渠等自然水体内，用于地块日常的道路浇洒、绿化灌溉以及汛期后的水体生态与景观维持等。

金湾区为加快海绵城市建设工作，在试点建设及全域推进过程中，研究确定适合本地特点的基本原则与设计路线，研究探索出一批适合本地乃至大湾区感潮河网地区源头的低影响开发通用技术措施，作为金湾区海绵城市建设项目开展方案设计与技术设计的基础。样板项目作为参建各方参观学习的实体案例，进行了宣传与推广，促进了海绵城市建设技术的创新与发展，有利于从设计、施工等层面提高海绵城市建设质量。

1. 高地下水位地区的生物滞留设施结构设计优化方法

生物滞留设施的表层种植土不仅要满足出水水质要求，符合植物种植与养护管理要求，其饱和渗透系数还要满足渗透性要求，以确保设施蓄水层与结构中滞蓄的雨水能及时下渗排空，为后续降雨腾出空间，避免积水长期浸泡影响植物生长，并消除蚊虫滋生的空间。而联围感潮河网地区的原状土为冲积海积沉积物，透水性较差，压缩性较大，既不适合作为生物滞留设施的表层种植土，也不适合作为承载上部结构层的地基土；地下水位较高，在雨季埋深更浅，可能对生物滞留设施内下渗的雨水造成顶托，影响排空时间。由于项目地基处理通常一并实施。为保证生物滞留设施能适应感潮河网地区的特点，建成后正常发挥功效，金湾区重点对生物滞留设施的表层种植土下渗速率和结构层做法给予明确要求。

（1）对原土需要进行勘探，如渗透性不能满足设计要求，则需更换为复合成分的介质土，土质在满足绿化与出水水质要求的同时，其渗透系数宜满足近期≥150mm/h、远期≥50mm/h的要求。

（2）对地下水位进行勘察，埋深不满足要求时，采用设施底层敷设不透水土工膜进行阻隔的方式，避免雨季地下水位上升后对海绵设施中下渗雨水形成顶托从而影响雨水下渗速度，甚至影响低洼外生物滞留设施中植物的生长。

（3）穿孔促渗管的敷设，可保证经过介质土或透水铺装结构层缓慢净化的雨水进入碎石结构层后，经穿孔管汇集快速经溢流井排入下游管网或设施，保证雨

（a）　（b）

图2–22　中航花园与双湖北路生物滞留设施实景图

（a）中航花园雨水花园；（b）双湖北路绿化分隔带中雨水花园

水持续下渗透排空。

例如在中航花园与双湖北路项目中，雨水花园采用了上述结构，不仅取得了较好的效果，还保证了设施中植物的良好长势（图2–22）。

2. 滞留雨水、提高强度的透水铺装结构设计优化方法

海绵城市建设的直观目标中包括一项与群众日常生活息息相关且又很容易体验的目标——“小雨不湿鞋”，这一项目标任务需要由人行道、广场和停车场等室外供行人通行、活动的设施来承担并实现。这要求新改扩建的设施面层采用强度高、透水性好的透水材料，且基层不怕水浸泡，不仅要满足人、车通行的强度与平整度要求，还要保证落到地面的雨滴能就地通过面层快速下渗并透过结构层补充地下水，不会四处飞溅，在中小降雨条件下也不会形成地面径流。然而，在联围感潮河网地区，普遍受场地地下水位较高、原土渗透系数较低等因素影响，雨水经透水面层下渗补充地下水的传统技术路线不仅不具备通用的实施条件，而且可能浸泡地基破坏面层的稳定性及周边邻近构筑物的结构安全。

（1）强化排水的透水铺装结构优化设计

金湾区在海绵城市建设过程中有机结合区域特征，因地制宜对透水铺装的设计工艺进行优化完善，将透水铺装的功能从以“渗”为主转变为以“滞”为主（图2–23）。雨水通过透水铺装面层下渗，并在结构层孔隙内滞蓄后，经底部设计的穿孔集水管排入雨水管渠系统。同时，设施底部及四周，在常规条件下均要求敷设防渗膜等隔绝地下水，一方面可有效应对地下水位对设施运行的影响，另一方面可防止雨水渗透对道路地基产生影响，保护透水铺装周边影响范围内其他构筑物的结构安全。超过面层渗透能力的雨水经路面旁侧的下凹式绿地、雨水花

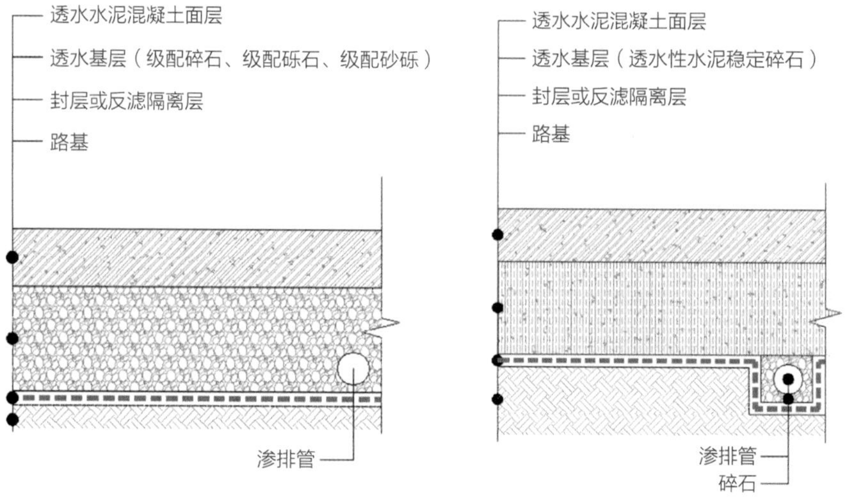

图2-23 透水铺装典型结构设计示例

（*a*）柔性基层透水混凝土面层结构做法；（*b*）半刚性基层透水混凝土面层结构做法

园等LID设施内溢流雨水口或场地雨水口排入雨水管渠系统。

（2）旧城区原有大面积硬质铺装地面整体改造成透水混凝土铺装的设计

旧路加铺透水混凝土路面必须有与之相配套的排水系统，以保证透过路面的雨水能够及时排除，并降低孔隙淤堵的概率。在公建类项目海绵城市改造项目的结构设计过程中，充分考虑了改造的经济性，利用原有铺装的混凝土面层作为基层，在其横坡较低处开槽设置路面排水系统，面层分两层共加铺22cm厚透水混凝土，其中下面层厚度为17cm，上面层厚度为5cm。为避免上面层易产生的不美观、易破损等问题，通常采用4～6mm粒径集料，通过集料粒径比选设计，上面层采用粒径为3～5mm的集料，制成的透水混凝土面层更加整洁美观且经久耐用（图2-24）。同时，在施工工艺方面进行优化，通过改善透水混凝土材料的投料顺序，不仅保证了连续孔隙率，还有效提高了透水混凝土材料的强度；通过改善透水混凝土压制成型的方法，提高了透水混凝土的抗压强度，保障了成型实体的透水性能；通过优化透水混凝土的养护方法，保障了透水混凝土强度的正常增长，消除了实体表面起灰的现象，提高了透水混凝土的耐久性。

实践中发现，在阴暗潮湿的环境中，路面易滋生青苔并导致路面湿滑，该问题一直难以根治，在采用透水系数等级较高的透水混凝土面层后，较好地抑制了青苔的生长。经对金湾区建成项目的持续跟踪，采用此类设计断面的透水铺装均未出现青苔滋生的现象。通过对部分项目跟踪观察，采用此方法设计的透水混凝土路面在运行了3年后，表面未出现起砂脱料，且可以达到“中雨甚至暴雨不湿鞋”的良好效果（图2-25、图2-26）。

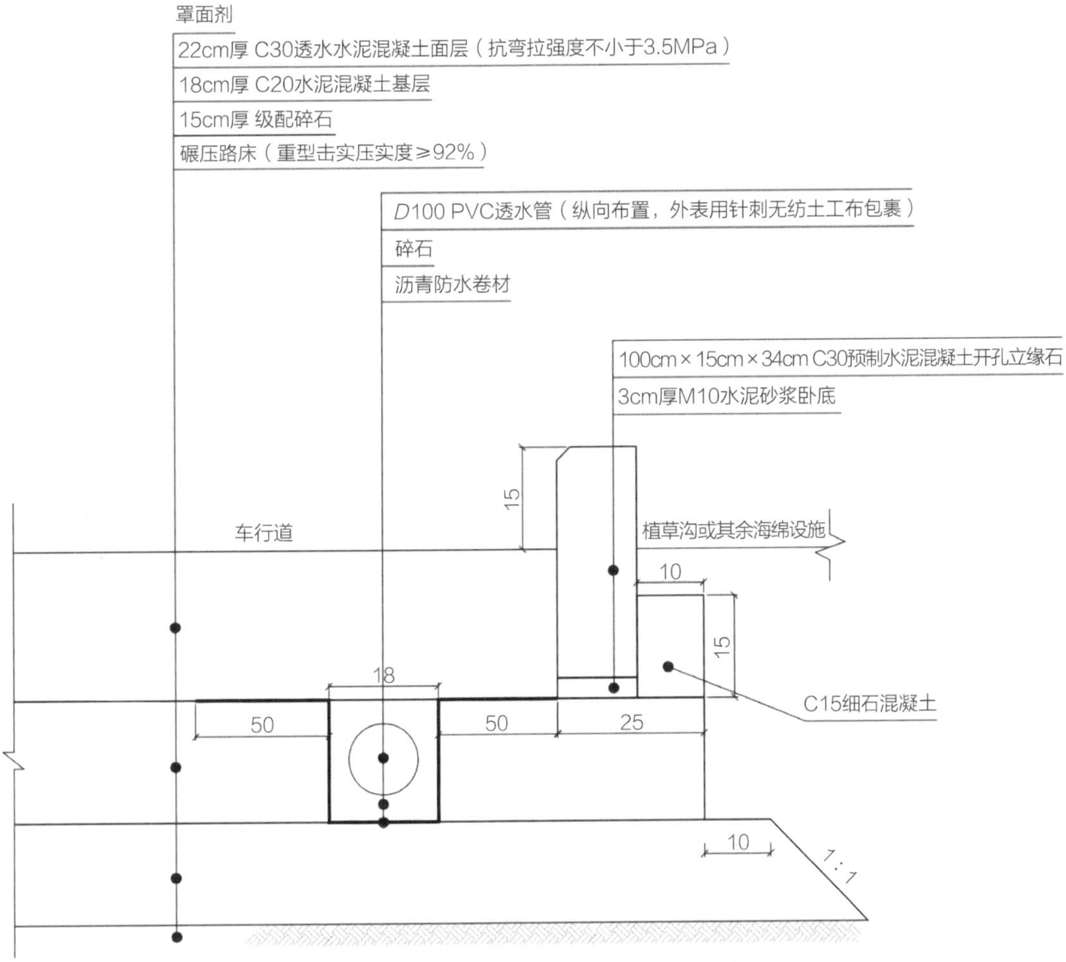

图2-24 改造项目透水混凝土结构层设计

图2-25 金湾公路养护管理与应急中心透水混凝土2022年5月11日暴雨实景图（2019年建成）

图2-26 红旗医院透水混凝土2022年6月8日暴雨实景图（2019年建成）

图2-27　传统透水荷兰砖实景图

（3）大规格仿石材透水砖地面的设计方法

目前主流的透水砖主要是荷兰砖，俗称“面包砖”，外观与传统的烧结砖类似，作为烧结砖与石材的环保替代品，应用于路面人行铺装（图2-27）。但由于荷兰砖容易产生不均匀沉降而引起局部塌陷、外观效果不够美观等问题，难以应用于场地平整度及景观效果要求较高的区域。金湾区在珠海市海绵城市试点区范围内率先探索，引导社会企业攻关，引进先进技术，研制出仿石材透水砖，其强度与刚度更大，做成的单砖尺寸也更大。按照上面研究的透水材料通用铺装设计，可较好地避免断裂、塌陷、不均匀沉降等问题。经与传统透水荷兰砖对比研究，事实表明，仿石材透水砖除了兼具较好的雨水渗透功能外，其实体质量更加耐用，景观效果更加持久（图2-28、图2-29）。

3. 兼具水土保持功能的市政道路生物滞留带创新做法

（1）道路绿化分隔带中落实海绵理念存在的问题

传统道路绿化带设计（图2-30），以传统的园林设计理念为指导，道路中央分隔带及两侧分隔带绿化堆坡造景，通常营造成纵向中心线处最高、两侧路缘石处最低的地形。在绿化方面，不仅苗木种植有更大的覆土厚度，且雨水借

图2-28 仿石材透水砖实景图

图2-29 金湖大道仿石材透水砖实景图

图2-30 金湾区传统道路景观设计照片

助分隔带由中央向两侧放坡的地形快速排向道路路面，植被根部不易被水淹泡，更易存活。由于道路工程的横断面组成受限，特别是外侧没有较宽绿化分隔带的道路工程，海绵城市指标的落实需要以这些绿化分隔带为主要依托，为此，把这些绿化分隔带设计建设成下凹形式，需要克服的难题或者面临的挑战主要如下：

1）道路绿化分隔带进行下凹调蓄如何保持景观的美感；

2）土壤表面下凹式调蓄若维护不善、下渗不及时，易产生积水，滋生蚊蝇；

3）大湾区雨期较长，下凹区域水旱交替频率高，植物成活较难，易出现裸土影响视觉效果；

4）联围感潮河网地区表层土渗透性极差，道路绿化分隔带采用介质土换填，可能因种植土孔隙率较高，大型乔木扎根不稳，强风天气易倒伏；为解决地下水位高而敷设的防水层，隔绝了种植土层与自然表层土的营养关联，不仅阻碍了树木向下扎根生长，还增加了维持植物生长营养的施肥周期，维护成本高。

（2）联围感潮河网地区海绵理念与绿化分隔带融合设计研究

金湾区道路景观设计理念为“以土造景、以草为主、本底植物组团、重要节点时花”，为将设计理念与道路海绵城市建设目标有机结合，金湾区对多条道路的海绵城市设计方案进行针对性的探索，研究提出将表面下凹的调蓄功能设置于地下水位以上的浅层土壤中，不仅保证了调蓄空间利用率，还具有降雨时调蓄、晴天时反补地下水的功能。因此，调蓄部分采用了浅埋生态多孔纤维棉的方式。设计断面如下：

1）行道树堆土仍按照常规园林设计，在行道树半径1m范围内堆土造景，行道树树穴位置不做生物滞留设施结构层，行道树树根周边包裹的土壤仍与场地土壤及地下水直接连通，其示意图如图2-31所示。

2）行道树（组团）间隔中间区域设置下凹结构及侧石开孔，将道路雨水引入绿地中的LID设施进行消纳；绿化带中央仍做下凹结构，但由于行道树种植堆土的影响，中央的下凹结构呈现自然曲折状态，设计人员可对下凹部分的流线做一定的美化，其效果图如图2-32所示。

3）下凹部分按照生物滞留设施样式进行设计，由于将调蓄功能设置在浅层土壤中，因此下凹深度不需太深，一般情况下100mm即可。调蓄结构下部为生态多孔纤维棉，顶部采用介质土覆土，覆土厚度根据种植植被进行设计，通常种植草皮或耐涝又耐旱的植物，如美人蕉、翠芦莉等。生物滞留设施开挖总深度约为700～800mm，大多数情况下仍在地下水位以上，基本可避免地下水位对生物滞留设施的顶托。

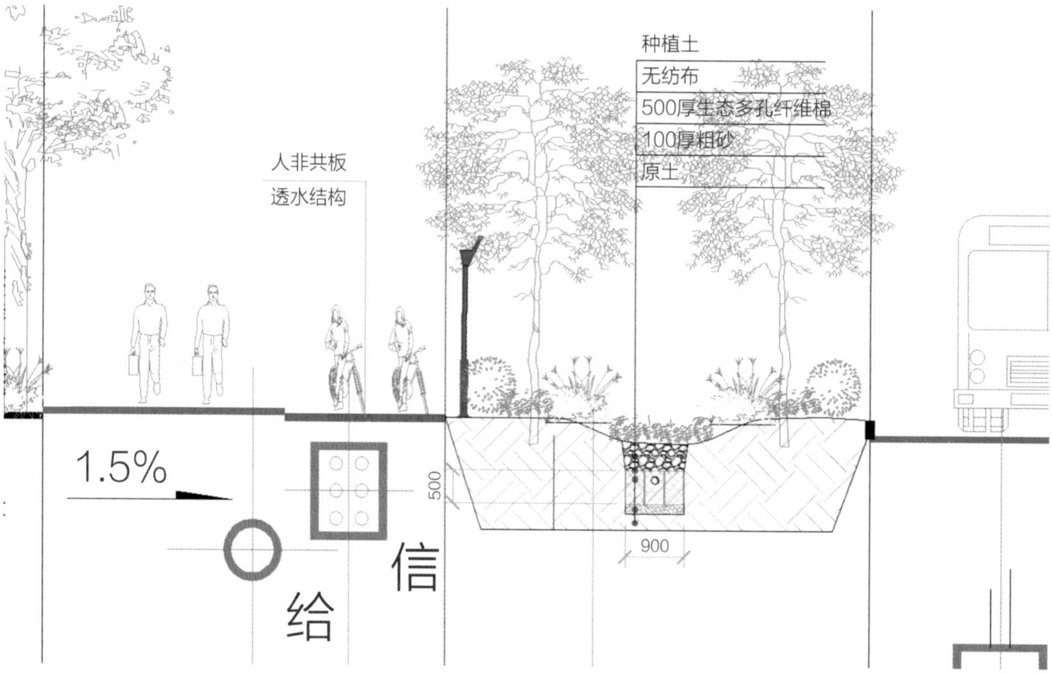

图2-31 金湾区道路海绵推荐设计断面示意图

图2-32 金湾区道路海绵推荐设计断面效果图

（3）适用范围与推广性

该设计断面应用于较宽的绿化分隔带（3m以上）时，在堆坡与下凹调蓄曲线设计优美、种植布置较好的情况下，可兼备较好的景观效果和海绵城市调蓄净化功能，因此推荐在城市主干道及部分规划分隔带较宽的城市次干道采用，其余道路可仍按照实际情况进行海绵城市设计（图2-33、图2-34）。

综上，采用“微地形塑造+浅层生态调蓄”的道路海绵城市设计手法，是金湾区海绵城市建设对于适合于本地自然条件的低影响开发设计的创新手法，是金湾区海绵城市试点在设计层面的实践经验总结，对于大湾区联围感潮河网地区同等自然条件下具有较好的可复制、可推广效果。

图2-33 双湖路南段海绵城市设计

图2-34 金湖大道东段海绵城市设计

4. 基于多目标融合的新型复合功能LID设施设计探究

海绵城市建设试点之初，业界流行着“LID设施建设需要占用项目有限的用地空间，还需要增加投资，且影响项目整体景观打造”等错误认识与观念，是制约海绵城市建设理念落地的主要瓶颈。如何设计出不需要增加占地面积、不额外增加投资的LID设施，是试点建设中创新与突破的重要方向。金湾区在公益性项目落实海绵城市建设理念的过程中，进行了项目层级的LID设施创新研究。代表性的设计方法如下：

（1）多功能沙池

沙池是常见的儿童游乐设施，广泛应用于公园、幼儿园、小学等场地内。考虑到沙子具有较好的渗透性和空隙率（图2–35），故金湾区在海绵城市建设探索过程中，尝试通过场地竖向设计与径流路径设计，将沙池设置在植被缓冲带下游，作为强降雨期间的一种雨水延时调节设施，用于临时调蓄附近路面或广场的径流雨水，削减峰值径流。白藤山生态修复湿地公园设置了约400m^2的沙地，用于收集周边路面径流，在雨季可以有效发挥雨水的滞蓄功能，周边道路未出现积水现象。

（2）多功能下沉广场

户外极限运动场地需要满足滑板、轮滑等挑战性运动的需要，把场地设计成不同高度、坡度的区域，以承载其难度高、观赏性强的运动功能。下沉广场则是为了增加调蓄雨水功能，而特意将本应平坦的场地设计成低势广场，不仅易造成视觉景观上的不适，而且给老年人特别是行动不便人士进出场地增加难度。在设计户外极限运动区时，结合其特有的功能需求，在项目设计过程中通过场地整体

（a）

（b）

图2–35 沙池旱季雨季对比图

（a）日常非雨天实景图；（b）雨天实景图

（a）

（b）

图2-36 极限运动场旱季雨季对比图

（a）日常非雨天实景图；（b）雨天实景图

下凹代替平地堆土造势的设计手法，既营造了满足极限运动要求的高差，又承担了在雨季强降雨期间滞蓄雨水的功能（图2-36）。在暴雨期间，超过透水铺装渗透能力的地表径流汇集至此，周边地面干爽、整洁、无积水，雨后缓慢排空恢复其运动功能，实现极限运动场地向多功能下沉广场的转变。

（3）仿自然景观的径流路径

旱溪是大自然在行洪过程中引导地表径流从高处向低处汇集自流的路径之一，其水旱状态受降雨量支配。在汛期，降雨量大时，经常以潺潺流水的溪流形态呈现，过了雨季，经常以干涸的卵石冲沟形态展示。旱溪应用于海绵城市设计中，就是一种兼具自然旱溪传输功能与不同季相形态的景观径流路径。珠三角联围感潮河网地区由于雨季长，雨量充沛，旱溪的设置具有得天独厚的条件，应用在不同场景中，可展示不同的自然美。在景观设计中，地形、植物和水系是三个关键设计要素，旱溪则是这三要素的交叉与综合，较一块平坦的绿地有着更复杂的生物多样性与要素协调性。优秀的旱溪景观能够为场地创造更多的可能，既满足雨季截水排洪的要求，又可以作为旱季市民亲近自然的休闲空间。

如在有较大客水流量的山坡处设置具有一定宽度与深度的旱溪，可有效收集、截流强降雨期间的山体洪水，并快速传输至下游调蓄水体，保证周边区域的水安全，营造出与天然山溪相似的景观（图2-37）。

在大面积低势绿地设计中分散设置溢流井，往往与保持成片绿地景观的整体性与完美感相矛盾，如果采用线形旱溪贯穿草地（图2-38），把经过大面积草地滞留而变清澈的漫流雨水汇聚成灵动的小溪，加快雨水的排空，则不仅不会破坏整体景观效果，还可让安静的草地因为增加了泉水叮咚流淌而生动起来，甚至还能增添几分真正天然大草原的韵味。

（*a*）

（*b*）

（*c*）

（*d*）

（*e*）

（*f*）

图2-37　生态旱溪旱季雨季对比图

（*a*）日常非雨天实景图1；（*b*）雨天实景图1；（*c*）日常非雨天实景图2；
（*d*）雨天实景图2；（*e*）日常非雨天实景图3；（*f*）雨天实景图3

图2-38 金山公园下凹式绿地中的旱溪

第3章

珠海金湾海绵城市建设顶层设计方案

2016年4月，珠海市成为国家第二批海绵城市建设试点城市之一，海绵城市试点区总面积为51.96km^2，位于横琴新区（现横琴粤澳深度合作区）、金湾区和斗门区，其中横琴新区试点区面积为20.06km^2，金湾区试点区和斗门区试点区面积分别为22.7km^{2}和9.2km^2。

金湾区海绵城市建设试点区东至坭湾门水道，西至机场北路，北至白藤四路（红心路）金湾斗门分界线，南至中心河（图3-1）。作为三个试点区中面积最大

图3-1 金湾区海绵城市建设试点范围图

（图片来源：摘自《珠海市西部中心城区海绵城市试点区（金湾区）建设系统方案》）

的一个区，金湾区海绵城市建设试点区既包括红旗镇的老城区，又包括航空新城B片区、C片区的新建区，且海绵城市建设项目涵盖商业区、大专院校区、场馆区、大型公园绿地、河湖水系、工业园区、不同形式的住宅区和新改建道路排水工程等，类型最为丰富。因此，在金湾区开展海绵城市建设试点，对珠海全市乃至整个大湾区分布最广、面积最大的联围感潮河网地区下垫面的海绵城市建设，具有重要的借鉴与示范意义。

金湾区在海绵城市建设中编制的海绵城市建设专项规划、试点区海绵城市建设系统化实施方案及技术要求与管理制度的文件，不仅为金湾区海绵城市建设管控工作的规范化、制度化奠定了基础，还作为珠海市海绵城市建设管理体系的有机组成部分，助力全市健全完善海绵城市建设顶层设计；在修复水生态、改善水环境、涵养水资源、提高水安全、发展水文化等方面开展的研究与探索、采用的思路与技术，在大湾区联围感潮河网地区可移植性与可复制性非常强。

3.1 › 珠海市金湾区海绵城市建设面临的问题与挑战

3.1.1 联围感潮河网特征显著

金湾区是珠海市成陆最晚的一个行政区，除丘陵山地外，大部分陆域面积是20世纪七八十年代联围填海而成。金湾区所处联围为白蕉大联围（由白蕉、三灶、红旗、小林4个联围整合而成）和乾务赤坎大联围（由赤坎、乾务、五山、南水、平沙5个联围整合而成），是大湾区内的城市中离海距离近、海拔高度低、地下水位高、咸潮上溯快、洪潮叠加效果明显等不利因素影响最大的感潮河网地区之一。

1. 1965年前基围联围建设情况

金湾区成陆时间比较晚，大面积的基围联围建成历史也比较短。根据《珠海市志》，在宋代，三灶地区已有围垦。明清和民国时期，社会比以前相对稳定，三灶岛等周边沉积区域不断变化，承载力提升，吸引了越来越多的移民到岛上围海造田，并逐步围垦成村。在清代，珠江三角洲已经开始在尚未露出水面的“未成之沙”上围垦造田，基围联围的建设基本都是家庭或宗族为单位，规模小，分布散，标准低。直到新中国成立后，在1965年八一大围建成前，金湾区的大部分土地仍在海平面以下，白藤山还是一半坦地一半临海的“半岛”。

2. 1965年后联围建设与河网构建情况

为提高粮食产量，新中国推行军民共建，集中力量办大事，加上生产力水平显著提高，突破了传统先建小围、再逐步联成大围的发展规律。先在具备条件的山边、岛边、河边、海边等处按照联围的规模筑堤建围，然后在联围内进行分割整治，低洼处挖塘养鱼虾、鸭，挖出的土在塘周边建基堤，堤上种桑、蔗及水果、蔬菜等。重点对围内外的河流水系进行规划、引导或塑造，由于生产力水平的提高、劳动力的充足，金湾区围垦造田中对河网水系的塑造发挥了主导性作用，科学控制着河网水系朝着人与自然相和谐、生产和环境保护相融洽的生态格局发展。一是根据生产生活的需要在围内开挖或改造河涌，设置水闸等设施，金湾区在大面积围垦造田的同时，建设或改造了三板涌、大海环冲、平塘涌、连湾涌、三板涌、沙脊涌等一系列支流河涌，以及一号主排河、八一主排河、中心河、三灶中心河（包括南、北排河）等一系列雨水、涝水、洪水行泄通道。通过对水流的因势利导，科学控制水位与各河涌的流量，努力做到蓄排结合、水旱从人；二是对联围外水道、河流进行梳理疏导，以确保过境客水畅通无阻，围内涝水能顺畅排出，比如，三灶湾围垦完成后，大门水道保留了6.5km的河道，河道宽度控制在10～120m，上游保留10～20m，成为红旗镇和三灶镇的分界河道，也是沿岸围区各闸门排水入海的通道。坭湾门水道作为原磨刀门的7个分流水道之一，在白藤堵海工程完工后，改造为友谊河，继续发挥功效。目前，稻田、菜地、果园、鱼塘相邻相倚，海岛化身的青山林立相望，河网密布、绿水纵横交错的生态框架格局基本形成（图3-2）。

3. 主要联围工程

（1）红旗农场

新中国成立前，除白藤、小林等几座孤丘小屿外，其余仍是白茫茫浅海。1961年5月，白藤堵海工程完工后，部队进驻白藤、灯笼、三板、大林等，并快速完成军建大围、八一大围和大林、红东围垦三大围垦工程。截至1990年，红旗农场共围垦28.6km^2。

（2）三灶湾围垦

三灶湾围垦属于水利部、珠海水利委员会对珠江三角洲水道口门整治的重点工程——磨刀门综合治理开发工程的7个垦区之一。项目于1984年9月动工，1986年合拢成围，垦区控制大堤线7.8km，围垦面积32km^2。

（3）平沙围垦

新中国成立前，平堂、沙美、大虎、连湾等村的村民曾沿孖髻山、大虎山、

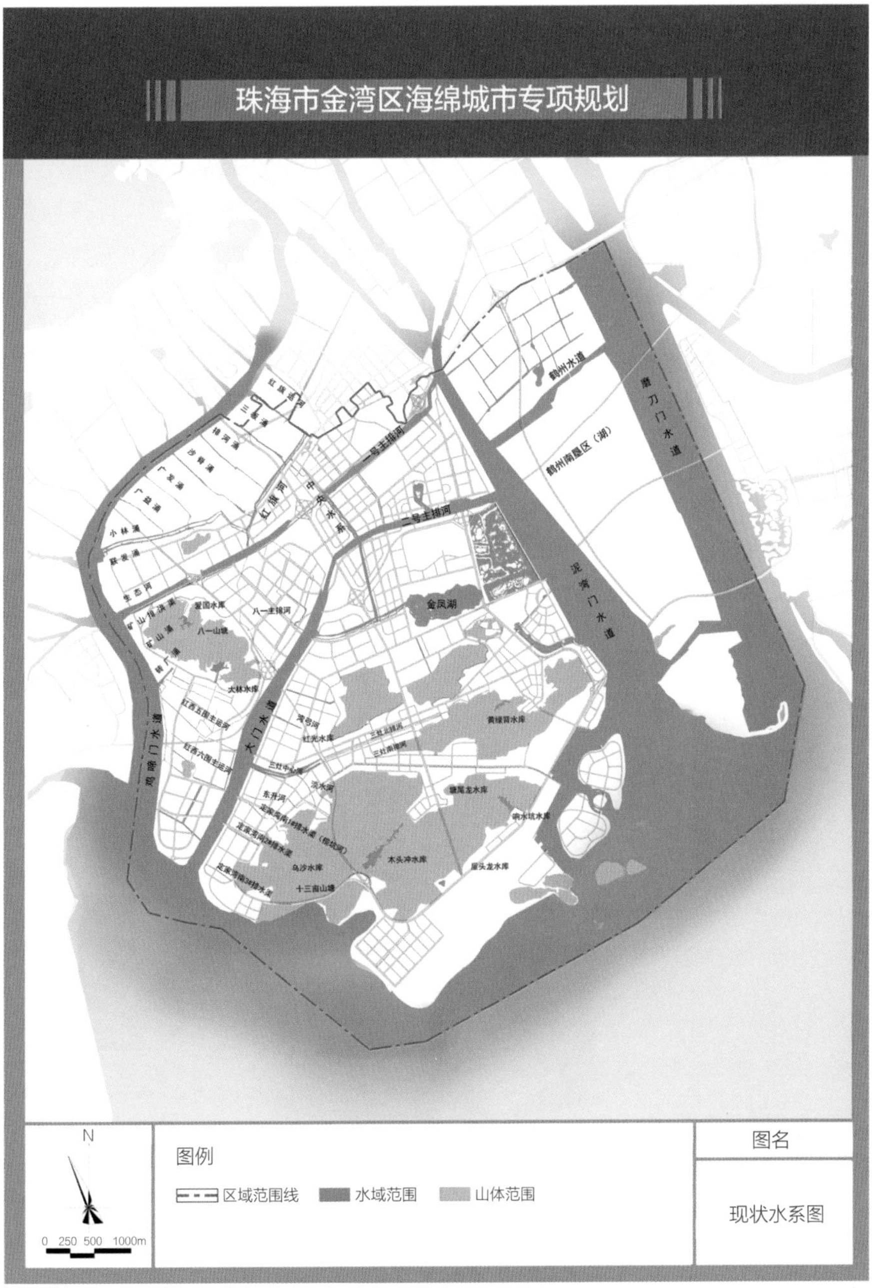

图3-2 金湾区的河流水系现状图

（图片来源：摘自《珠海市金湾区海绵城市专项规划（2017—2020年）》）

连湾山等有淡水到达的海边开发了零星的围垦。20世纪50年代，平沙农场开始开展大规模围海造田会战，至90年代共造田约100km^2，海堤约40km，各类闸站80多座。

3.1.2 水安全方面

1. 排水管道能力不足

（1）老城区管网建设标准低

金湾区已建管网区域多为老城区，排水管网建设标准较低。经分别采用1年、2年、3年、5年一遇的设计降雨对现状排水管网进行评估，评估结果显示，近一半的管道排水能力不足1年一遇（图3-3），约61.0%的管道排水能力不满足3年一遇降雨的设计要求（表3-1）。其中，试点区内的广安路及周边区域管网建设年代较早，雨水管渠大多数于20世纪80年代开始建设，设计重现期为1年。更早期采用的合流制管网，设计标准更低，多采用0.3～0.5年的设计重现期，管网排水能力明显不足（图3-4），存在较多排水瓶颈。

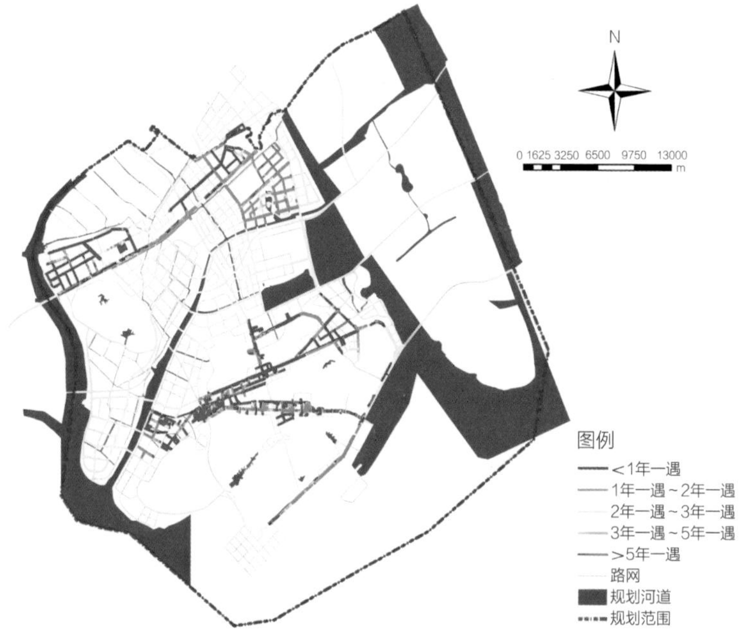

图3-3 不同设计重现期条件下管网排水能力评估图

（图片来源：摘自《珠海市金湾区海绵城市专项规划（2017—2030年）》）

管道排水能力达标比例 表3-1

排水能力	<1年	≥1年且<2年	≥2年且<3年	≥3年且<5年	>5年	合计
管网长度（km）	125.08	19.1	8.43	6.95	90.67	250.23
比例（%）	49.98	7.63	3.37	2.78	36.24	100

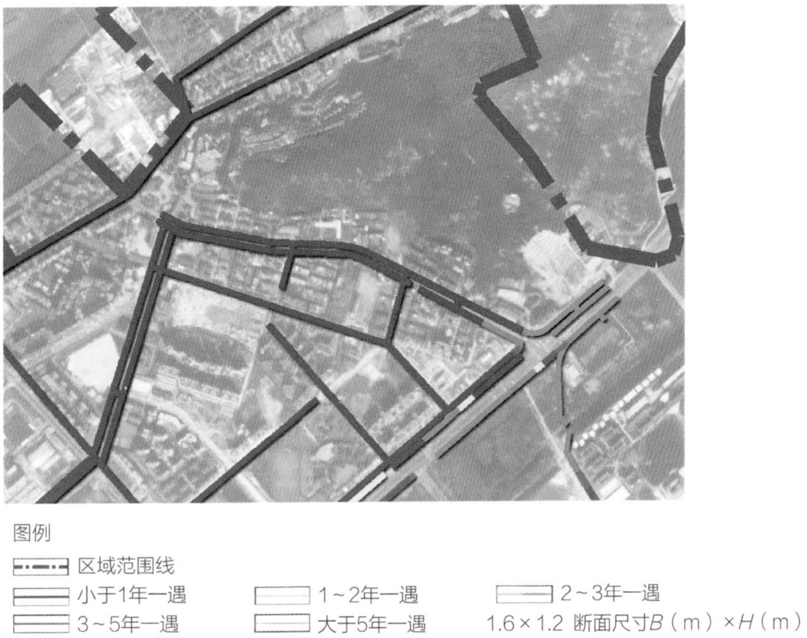

图3-4 广安路周边雨水系统排水能力评估图

（2）地面沉降问题较为严重

金湾区试点区为典型的珠江三角洲冲积海积平原上人工围垦形成的，淤泥层厚度大，压塑性高，路面不均匀沉降现象较为明显，使得区内雨水管渠及出水口随之下沉，形成波浪形雨水排向，甚至折断，造成雨季排水不畅，导致路面积水影响交通。

（3）雨水工程重建设轻管理

试点前，由于维护管理技术、资金相对滞后，雨水工程设施建成后未能定期维护清理，加上红旗镇建成区现状排水管渠多为雨、污合流，部分管渠淤积严重，造成暴雨时雨水无法及时排出形成内涝，如红旗镇现状雨水暗渠，淤积厚度达几十厘米。

2. 排水系统不够完善

试点前，在规划区快速城市化过程中，不少农田、菜地变成道路、屋面、广场等硬质下垫面，造成产流系数增大，汇流速度增快，致使原有排水系统难以满足现有要求；且原有老城区、旧村雨水系统构建不完善，也存在未随市政雨水管网按标准配套建设泵站、排洪闸等设施，存在排水风险。

如红旗镇老城区广安路雨水泵站的设计排水能力为4m^3/s，雨水管渠汇水面积约为29.6hm^2。根据《珠海市城区排水（雨水）防涝综合规划（2013—2020年）》

中关于金湾区红旗镇所在区域的2h短历时暴雨强度公式进行测算，发现仅在降雨重现期P=1年的情况下，60min雨峰后广安路雨水泵站的排水能力方尚能满足需求，其余更大重现期条件下的雨水泵站均不满足排水能力需求。广安路雨水泵站汇水范围短历时降雨径流流量如表3-2所示。

广安路雨水泵站汇水范围短历时降雨径流流量对照表（珠基高程，m）表3-2

设计暴雨强度	P=1年	P=2年	P=3年
广安路流量30min（m^3/s）	5.10	5.74	5.91
广安路流量60min（m^3/s）	3.68	4.22	4.31

注：综合雨峰位置系数r取值为0.33。

3. 局部存在内涝风险

根据资料收集及现场踏勘，试点前规划区共有10余处历史积水点（图3-5），多数位于老城区的地势低洼处或管网配套不完善区域，对居民生活出行造成较大影响。根据内涝风险分析（表3-3），在30年一遇24h降雨遭遇5年一遇外江潮位工况下，规划区内中风险内涝区域面积为81.26hm^2，高风险内涝区域面积为68.55hm^2（图3-6）。

图3-5 规划区现状积水点分布图

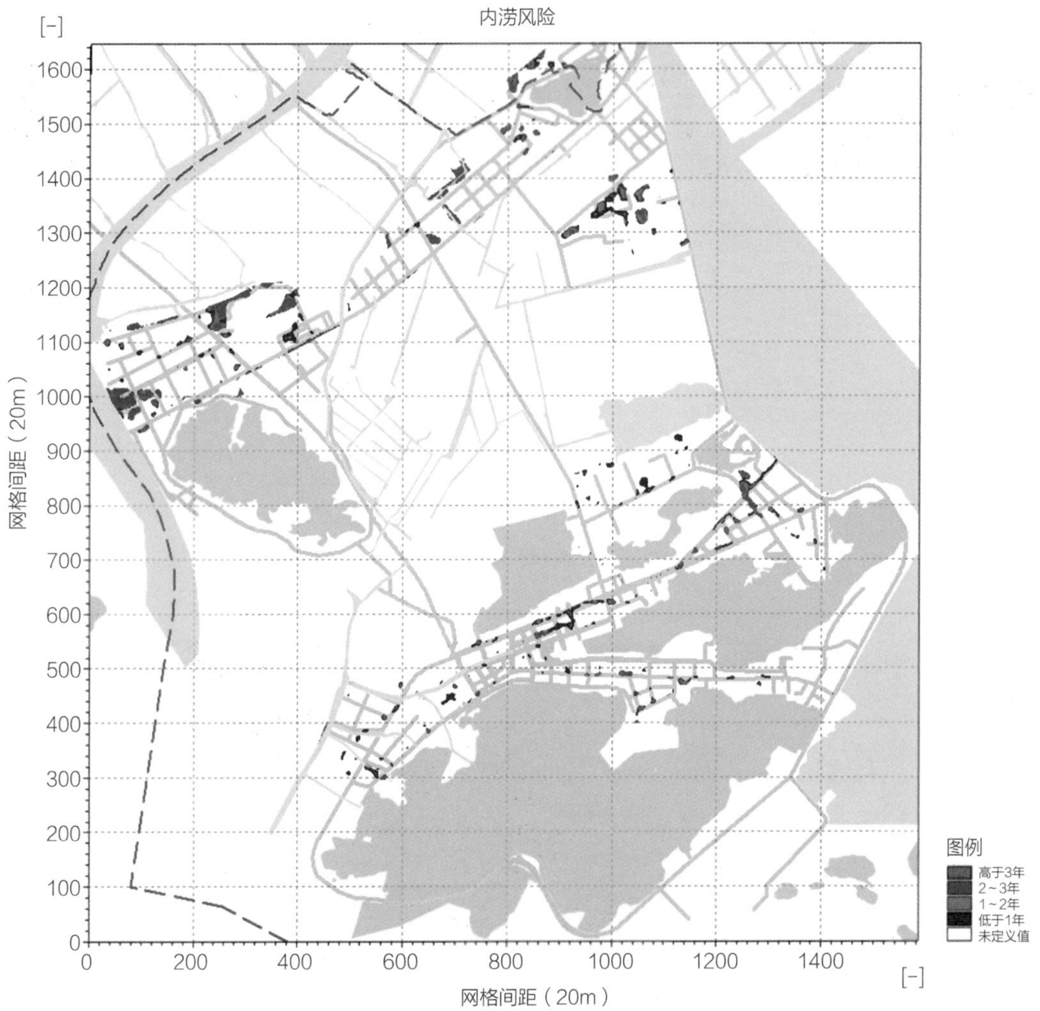

图3-6　规划区现状内涝风险等级划分图

（图片来源：摘自《珠海市金湾区海绵城市专项规划（2017—2030年）》）

内涝风险等级评估　　**表3-3**

	1 风险等级：低		2 风险等级：中		3 风险等级：高	
P=30年	面积（hm^2）	百分比（%）	面积（hm^2）	百分比（%）	面积（hm^2）	百分比（%）
	149.76	50	81.26	27.12	68.55	22.88

2017年5月15日，金湾区降水量为160mm，达到10年一遇24h降雨量。这场大雨使得藤山一路、藤山二路及周边道路出现了比较严重的水浸现象，最大处积水深度达到800mm（图3-7）。这场大雨充分暴露了雨水汇集、排水不畅、出路不通等问题。

（*a*）　　（*b*）

图3-7　2017年5月15日新桥街、金涛街内涝实况图

（*a*）实况图1；（*b*）实况图2

（图片来源：摘自《金湾试点区海绵城市建设系统方案》）

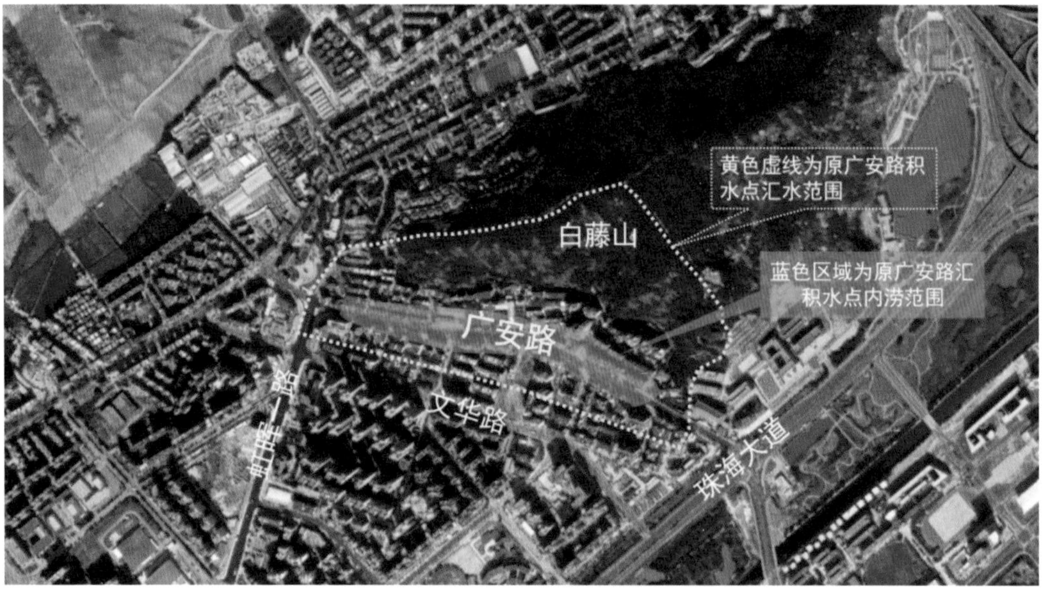

图3-8　原广安路积水点平面位置示意图

此外，位于红旗镇老城区的原广安路积水点（图3-8）为区域性的水浸点，积水范围包括广安路部分路段以及广安路与山体之间的南山新村，水浸深度为20～30cm。结合地形高程图分析，广安路地面高程约为1.3～2.4m，南侧文华路道路竖向标高约为2.3～3.1m，广安路东侧接入的珠海大道道路中心线标高约为2.5～3.40m，广安路北侧白藤山高约100m，即广安路及周边地块在竖向上形成

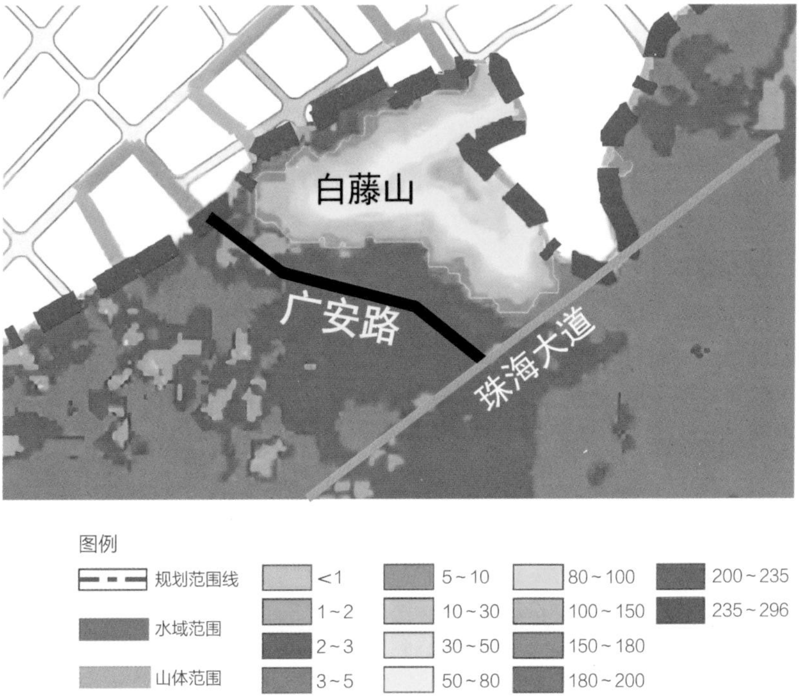

图3-9 广安路周边地形高程图

一个局部洼地（图3-9），在管网与泵站排放能力不足的情况下，极易产生积水内涝。在遭遇雨潮时，叠加管网末端1号主排河的水体顶托，则将导致广安路发生更严重的内涝。

3.1.3 水环境方面

1. 排水系统存在欠缺，治污工作相对落后

在列入国家海绵城市试点区之前，金湾区污水收集管网存在局部不完善的问题，生活污水成为区内河道的主要污染源之一。大量的分散住户、地处较偏远的城乡接合部尚未截污纳管，沿河涌居住的部分居民，其生活污水仍是直排入河涌，工业园区个别企业、分散镇村企业仍然存在排放不达标甚至直排的现象。另外，老城区范围内大部分管道为合流制管道，仅规划新建区域管道具备雨污分流管道。由于老城区内合流制管道普遍存在问题，降雨强度较大时会产生合流制溢流，雨污混合物会直接排入管道附近水体，对河涌水质及环境造成一定污染。

根据金湾区环境质量状况统计情况（2011—2014年），统计的污染物指标主要为COD（图3-10）和氨氮排放量（图3-11）。从组成上看，金湾区的COD、

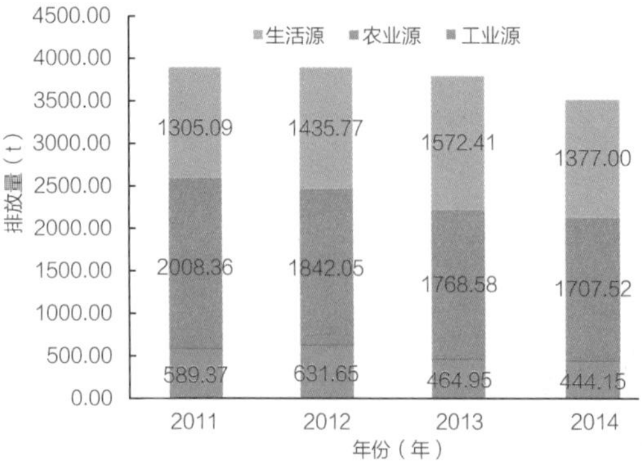

图3-10　金湾区 2011—2014年COD排放量

（图片来源：摘自《珠海市金湾区海绵城市专项规划（2017—2030年）》）

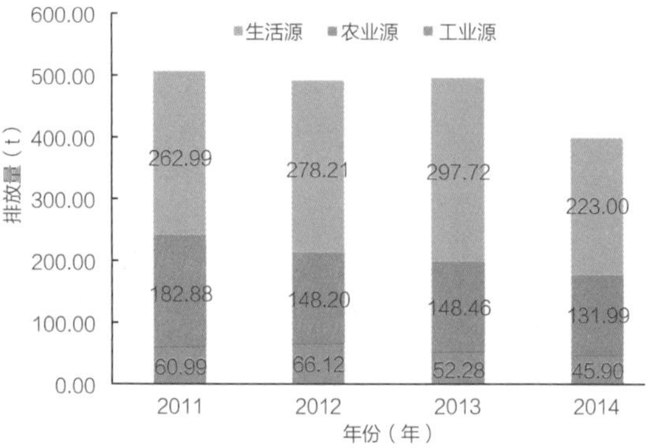

图3-11　金湾区 2011—2014年氨氮排放量

（图片来源：摘自《珠海市金湾区海绵城市专项规划（2017—2030年）》）

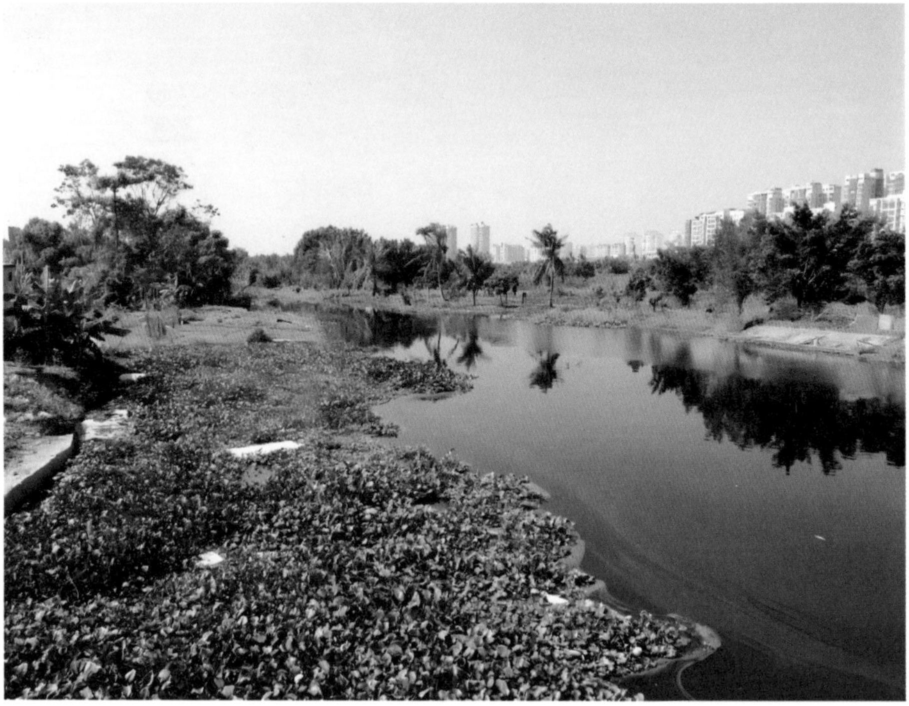

图3-12　1号主排河部分水质现状

（图片来源：摘自《金湾试点区海绵城市建设系统方案》）

氨氮排放以农业源和生活源排放为主，2014年农业源、生活源与工业源的COD排放量分别占排放总量的48.39%、39.02%和12.59%；氨氮农业源、生活源与工业源的排放量分别占氨氮排放总量的32.92%、55.63%、11.45%。因此，金湾区水质污染物来源主要以生活源和农业源为主（图3-12）。

2. 城市面源污染严重，面源污染控制不足

初期雨水是指降雨初期雨水污染物浓度较高的径流量。由于城市上方空气中往往混合了工业企业产品、汽车轮船等交通运输工具、燃机锅炉等能源动力装置排放的污染性废气、细微颗粒物等物质，屋顶、路面、广场等下垫面散落着从空气中落下的灰尘，甚至吸附了各种污染物质的颗粒物和汽车轮胎、沥青路面磨损脱落的颗粒物等有毒有害物质。降雨发生时，初期雨水中溶解或裹挟了空气中的气体、气溶胶、灰尘，降落后又冲刷混合了下垫面的沉积物等，雨水中的灰尘、有毒有害物质含量非常高。在传统开发模式下，初期雨水径流难以得到有效控制，是城区河道的重要污染源。根据对金湾区建设用地现状进行梳理分析，国家海绵城市试点建设前，面源污染每年产生悬浮颗粒物4.8万t、化学需氧量2.2万t、总磷85.0t、总氮1246.9t。

3. 区域存在黑臭水体，水体治理任务艰巨

城市黑臭水体问题也是金湾区试点前面临的重要环境问题之一。现状老城区存在管网设计标准偏低、市政基础设施配套不足等问题，造成污水管网配套欠账、污水集中收集与处理率偏低甚至部分区域污水无序排放、直接流入河涌，严重影响了水环境；城郊河道远离市区，受人为活动的干扰较小，但工业企业、农业面源污染和上游携带污染物对水体的污染也较为严重。金湾区试点前被列为黑臭水体的河段是三灶北排河（图3-13）和南排河（图3-14），水质污染程度为轻度黑臭。

图3-13　北排河污染现状图

（图片来源：摘自《珠海市金湾区海绵城市专项规划（2017—2030年）》）

图3-14　南排河污染现状图

（图片来源：摘自《珠海市金湾区海绵城市专项规划（2017—2030年）》）

（*a*）

（*b*）

图3-15 直立浆砌石护岸与自然护岸

（*a*）浆砌石护岸；（*b*）自然护岸

（图片来源：摘自《金湾试点区海绵城市建设系统方案》）

3.1.4 水生态方面

1. 河流生态系统脆弱

金湾海绵城市建设试点区内主要河流为1号主排河、中心河、中央水系等，水系虽有规划但建设未完全完成，其余主要为沟渠。由于规划未完全实施，存在断头涌，甚至出现个别主干河涌尚未完全打通的情况，河湖水系间连通性较差，行洪、蓄洪、分洪能力建设的系统性不足，同时致使现状河流生态系统十分脆弱，生态、环境和景观等功能得不到充分发挥。

试点区内河流护岸可分为两类：浆砌石护岸和自然护岸（图3-15）。城市建成区内多为浆砌石护岸，如1号主排河、中央水系以及一些零散小河渠护岸，且岸坡多为直立式或陡墙式；建成区外围和未开发区大多为自然护岸，两岸杂草丛生，如中心河护岸，杂草丛生，由于人为活动的破坏导致生态性和景观效果差，且部分河段被村镇建筑侵占严重（图3-16、图3-17），无法发挥护岸截污、生态及景观方面能力。硬质护岸人为形成了水系与陆地的物理阻隔，切断陆域生态系统和水域生态系统间物质与能量自由交换的路径，导致以滨岸带为生存、生活、迁移载体的生物群落缺失，破坏了区

图3-16 沙脊涌浆砌石护岸与民居挤占河道现状图

（图片来源：摘自《珠海市金湾区海绵城市专项规划（2017—2030年）》）

（*a*）

（*b*）

图3-17 三板涌沿河民居蚕食河道图

（*a*）拟建房基填土开始侵占河道图；（*b*）已经成型房基与现状房屋侵占河道图

（图片来源：摘自《珠海市金湾区海绵城市专项规划（2017—2030年）》）

域生物链与生态系统的完整性，大自然的自我净化功能无法充分发挥，排入水体的各类污染物总量不能有效控制、消纳，河湖水系的水质不仅难以维持和改善，甚至个别水体还有恶化的趋势。经实地勘察和已有资料统计，试点区域内岸线总长度约为（不包括小沟渠）25km，满足生态岸线要求的河道只有主排河的部分河段（但景观效果较差），其余皆不满足要求，生态岸线恢复率只有21%左右，远远达不到海绵城市的目标要求。

2. 绿地系统有待完善

金湾试点区绿地系统有待完善。一方面，试点区内各类城市绿地布局呈碎片化、无序化，只考虑了面积、绿化率等指标控制，在连通性、系统性、生态性等方面存在不足，彼此间的功能与定位尚未形成有机的整体。公园绿地布局不平衡，各类公园绿地尚未达到分级均匀布置。防护绿地系统尚未形成，尤其是缺乏滨海和河岸防护绿地，未形成网络。另一方面，试点范围内白藤山山体被采石破坏，后又成为建设项目物料堆场和加工基地，山体与植被遭到严重侵蚀破坏，仅存的山顶部分虽绿化覆盖率较高，但景观连通性被破坏，生境保护和栖息地功能大打折扣。

3.1.5 水资源方面

1. 咸潮影响供水安全

金湾区内雨量充沛，年平均降雨量1987mm，但全区水源水库仅有3座（表3-4），分别为木头冲水库、黄绿背水库及爱国水库，均为小型水库，全区主要取水水源为珠江八大口门之一的磨刀门水道的客水。但是，珠江在枯水期则易发生上游来水不足的情形，且近年来呈现越发严重的趋势，造成咸潮上溯持续加剧，导致江水中氯化物含量大幅升高，咸度严重超标的时间、连续影响各取水口的时间也随之延长。另外，随着金湾城区的开发建设，需水量将迅速增长，未来将对咸期调咸设施的规模提出更高的要求。

金湾区水源水库一览表 表3-4

序号	水库名称	所在镇域	总库容（万m^3）	集雨面积（km^2）	原水供给	最大坝高（m）
1	木头冲水库	三灶镇	508.0	7.7	三灶水厂	27.3
2	黄绿背水库	三灶镇	161.4	12.02	黄绿背水厂	26.3
3	爱国水库	红旗镇	66.5	2.07	红旗水厂	—
合计	—	—	735.9	—	—	—

2. 非传统水资源利用尚未展开

目前，金湾区仅通过水库蓄存和利用雨水，并未全面推广非传统水资源利用，新建区域没有统一规划再生水利用管线和雨水集蓄利用设施，未能发挥其作为绿化浇灌、道路清洗的补充水源的作用，雨水和再生水资源大量流失。

3.2 统领全域的金湾区海绵城市建设专项规划

为实现海绵城市建设目标，金湾区在新型城镇化建设过程中，应转变原有城市发展理念，推广与应用海绵城市建设模式，遵循规划引领、尊重自然、因地制宜、统筹建设、全面协调的原则，实现经济与资源环境的协调发展、人与水系统自然和谐共处，并转变传统的排水防涝思路和污染治理思路，让城市“弹性适应”环境变化与自然灾害。

3.2.1 生态格局构建

《珠海市金湾区海绵城市专项规划（2017—2030年）》首先对金湾区多种生态环境问题的敏感性进行综合分析，从而明确区域环境敏感性的分布特征以及产生生态环境问题可能性的大小，进一步在流域、区域等大尺度上针对不同程度敏感区提出相应的发展规划（图3-18）。

结合金湾区山水林田湖等生态要素，专项规划提出构建“一轴、两翼、多点”蝶形生态安全格局（图3-19）。

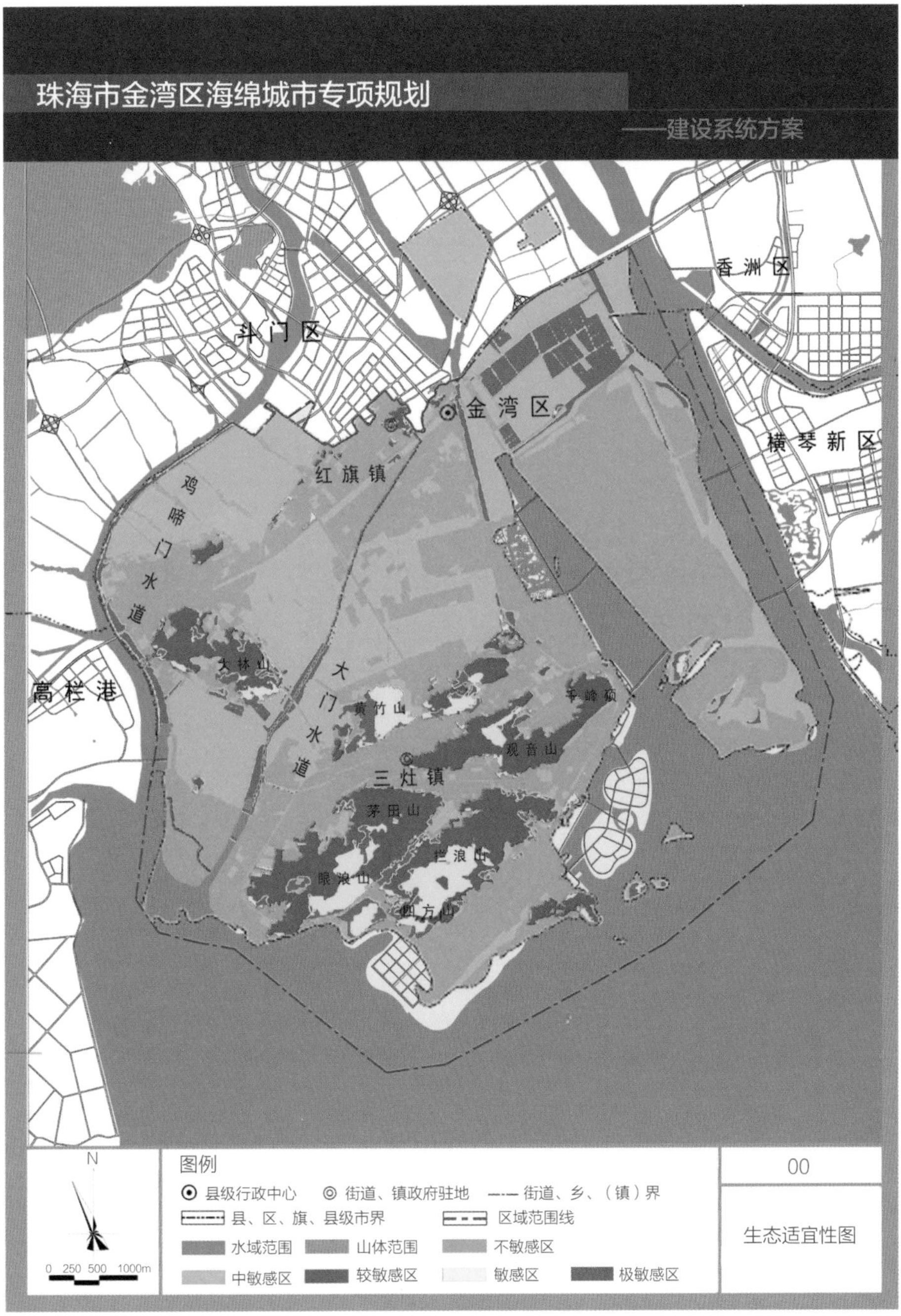

图3-18 金湾区生态敏感性评价总图

（图片来源：摘自《珠海市金湾区海绵城市专项规划（2017—2030年）》）

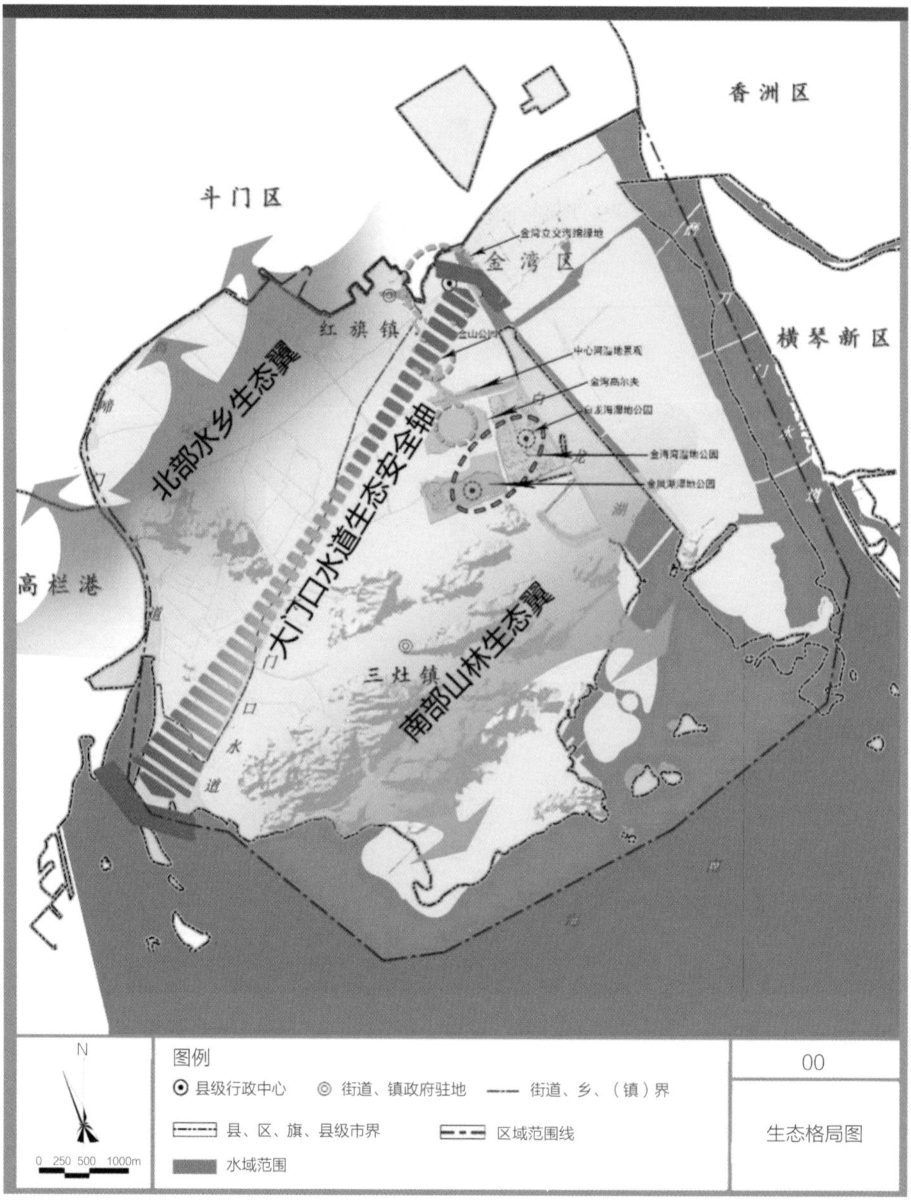

图3-19　金湾区生态格局图

（图片来源：摘自《珠海市金湾区海绵城市专项规划（2017—2030年）》）

1. 一轴——大门口水道生态安全轴

依托大门口水道的天然海面、河道、人工养殖水面以及红树林、芦苇荡、鸟类、鱼类等生态资源，打造滨海湿地生态安全轴。重点加强候鸟迁移路线的保护性开发工作，启动大门口水道综合整治及湿地景观建设工程，将大门口水道打造成为金湾区生态安全及景观主轴。

2. 两翼——北部水乡生态翼、南部山林生态翼

北部水乡生态翼：是指由广益村、广发村、沙脊村、三板村等纵横河网组成的生态基质（图3-20）。重点加强广益村、广发村、沙脊村、三板村等河涌“五河十岸”的生态景观提升工作以及河道疏浚工作。依托西部生态新城建设，以自然生态的景观特色为设计目标，与斗门区共同打造鸡啼门水道“一河两岸”的城市景观。结合金湾区小河涌整治计划，畅通北部河网水系，实现活水畅流，保障区域养殖、灌溉等用水安全。

（*a*）

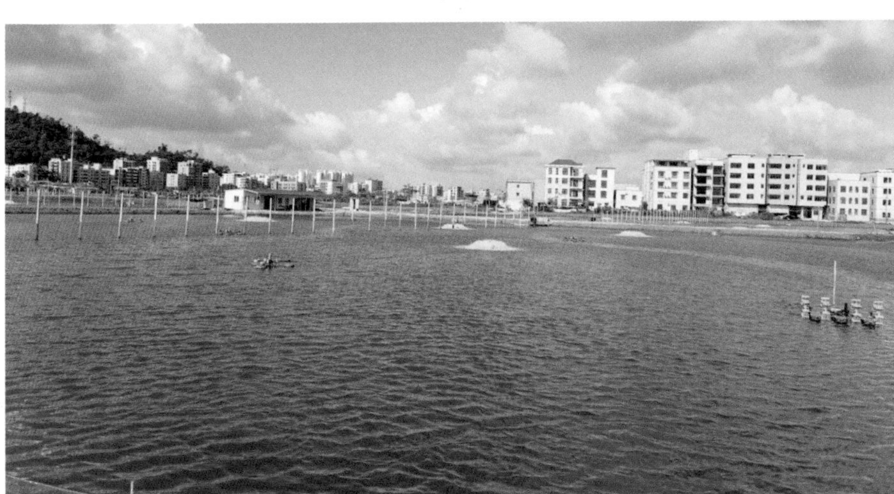

（*b*）

图3-20 金湾区北侧水乡

（*a*）水乡俯瞰图；（*b*）菜基鱼塘图

（图片来源：（*a*）百度卫星地图；（*b*）作者自摄）

图3-21 金湾区南侧山林

南部山林生态翼：是指由茅田山、拦浪山、四方山、眼浪山、观音山、千峰顶、黄竹山等组成的山林生态基质（图3-21）。利用山体形成的自然地标体系，严守林地生态控制线，及时做好黄竹山、大林山等取土点的复绿工作。坚持生态优先原则，积极开展林相改造、补植等工作，更好地发挥森林涵养水源、调蓄径流、削减洪峰、净化水质等功能，夯实金湾区“青山常在，绿水长流”的生态根基。

3. 多点——打造典型生态项目，满足人民生活需求

大门口水道湿地公园（图3-22）：以生态保护为先、适度人工开发为原则，以现状景观资源和生态环境为基础，通过功能植入、景观提升、生态修复等综合手段，打造集生态游憩与体验、生态科研与教育、生态保护与修复等功能于一体的综合性城市湿地公园。

金湾立交中心景观绿地（图3-23）：以景观提升为主，通过种植腊肠树、夹竹桃、金凤花、木芙蓉、荷花、芦苇、台湾菜、蜘蛛兰等乔木、灌木、草皮等，打造“森林进城、金秋盛景、季季有花、缤纷多彩”的植物景观。

海澄村屋头龙水库：以金湾区最大的百年古树群为保护开发重点，增加对五月茶、香樟、秋枫、细叶榕、高山榕、木棉、朴树、铁冬青、柿叶木姜、白车等树种及树龄的挂牌简介；禁止在水库周边建设农庄、餐馆等餐饮服务设施。

红旗矿山湿地公园：以生态修复为重点，通过基质恢复、植被恢复、水环境

图3-22 大门口湿地公园实景图

图3-23 金湾立交实景图

恢复以及岸坡恢复等措施建设红旗矿山湿地公园，同时通过建设生态围栏、营造生境岛等增强对湿地鸟类、动物生存生境的保护。

大霖山郊野公园：加强对原有山体、山林等自然生态资源的保护与修复，最大限度地恢复原生态植被，重点加强对本土生物物种的保护与培育，为土著动物群落的繁衍生息营造家园；封山育林与林相改造有机结合，打造野趣十足的自然景观与城市绿肺，并与大林社区新农村建设等规划建设内容有机融合，做到统筹兼顾、有序推进。

3.2.2 水生态修复

针对规划区地处填海地区、防洪安全级别要求高、水生态服务功能强、水体污染严重、水生态系统受干扰大等特点，统筹考虑生态环境保护和防洪排涝等要求，以保护和改善水质、保护和修复生物栖息地进而恢复河流生物多样性为目的，系统梳理各级河道水系，完善规划区河湖水系功能，保护河网水系的多样性，保护和修复水生态系统，构建城市蓝绿空间，提升水系统的综合功能，打造高品质的水生态环境，实现人水和谐的局面。

1. 划定河道蓝线

结合海绵生态格局、生态保护要求、开发建设程度及文化保护要求等多方面因素，划定科学合理的水生态功能分区，在此基础上进行水生态修复和保护；依据河流等级、功能要求、现状限制等条件，划定金湾区的河道蓝线，以营造良好的生态空间，形成连续宽敞的滨水绿化景观带。蓝线范围内禁止从事破坏河网水系、与防洪排涝和水环境保护要求不符的活动。

2. 岸线生态化

因地制宜选用不同方式实施岸线的自然化、生态化建设或改造，提升现有生态型岸线的景观功能，逐步提高生态岸线比例及岸线品质。河道两侧存有历史古迹的，相关的河流岸线应在侧重其历史风貌保护的前提下进行局部生态化提升。

3. 修复水生态基底

区别老城区、新区、工业园区等不同类型的分区，分别提出相应的水生态修复目的和要求，明确不同分区水生态的修复和保护策略。对河流的岸线进行生态化改造和修复，恢复河流的植被缓冲带，尽可能恢复河道的自然形态，保护和修复湿地、湖泊，丰富生物栖息地类型和物种多样性，净化水质，改善景观，修复良好的水生态基底。

4. 保护水系统的多样性和稳定性

骨干河道在生态上具有区域水系生态廊道的作用，同时承担区域防洪排涝的功能，建议定期进行疏浚，对束窄河段进行适当拓宽，提高河岸绿化率，设置海绵型雨水径流截留设施，防止水体污染。内部毛细水系主要发挥调蓄、生态、景观的作用，保护和恢复城市及地块内部的毛细水系结构，对保留金湾区城市特色及维持水系统的生态稳定性有重要意义的，建议在不影响防洪的前提下，恢复水生、湿生植被覆盖度。对水系景观要求较高且有条件在短期内能较大程度上改善水生态环境的地区，建议对该地区的水系进行深度的水生态修复和保护，恢复生态岸线，保证水系的亲水空间。

3.2.3 水安全保障方案

1. 排水防涝系统构建

根据规划区水安全现状、存在的问题以及规划区更新改造的需求，从工程措施和管理措施两方面考虑，构建4套系统工程，从而保障遭遇超标降雨时流域、区域的水安全。

（1）源头减排系统

依据海绵城市“渗、滞、蓄、净、用、排”等多种功能措施，按用地类型、主体建设内容与总体布局、雨落管设置与场地竖向等，合理设置、科学搭配低影响开发设施，并分区对用地范围内的雨水年径流总量与污染总量进行控制，构建源头减排系统。

（2）排水管渠系统

结合道路改造，提出市政管网提标改造的需求，强化市政管网排水能力；同时，在局部低洼地区增设排水泵站或增加涝水分流管道，保障市政管网排水功能的正常发挥。

（3）排涝除险系统

一方面，建立地表超标雨水排除系统，通过地表蓄渗沟、行泄通道等设施的规划和建设，及时排除地面在超标降雨时产生的涝水；另一方面，完善水体蓄排系统，结合规划区水系规划，完善规划河网，增加水面，同时通过泵闸建设及优化调控，预降区域水位，完善水体蓄排系统。

规划按照百年一遇标准校核防涝防洪设施，不满足行洪能力的设施应适时进行改建，各设施的设计流量、闸顶高程、闸底高程、闸宽等参数均按功能需要分别确定（表3-5）。

金湾区规划水闸参数一览表 表3-5

序号	名称	设防标准	设计流量（m^3/s）	闸顶高程（m）	闸底高程（m）	闸宽（m）
1	1号水闸	百年一遇	120	5.1	−2.85	12
2	2号水闸	百年一遇	358	5.1	−2.0	48
3	3号水闸	百年一遇	253	5.1	−2.4	24
4	规划水闸1	百年一遇	110	5.1	−2	30
5	规划水闸2	百年一遇	120	5.1	−2	20
6	规划水闸3	百年一遇	55	5.1	−2	6
7	规划水闸4	百年一遇	55	5.1	−2	6
8	规划水闸5	百年一遇	55	5.1	−2	6
9	规划水闸6	百年一遇	100	5.1	−2	12
10	大门口水闸	百年一遇	297	5.1	−2	56
11	鸡啼门水闸	百年一遇	100	5.1	−2	10
12	联合水闸	百年一遇	174	5.1	−2	32
13	广益水闸	百年一遇	44.4	5.1	−2	10
14	广发水闸	百年一遇	64	5.1	−2	12
15	沙脊水闸	百年一遇	81.5	5.1	−2	18
16	排河水闸	百年一遇	46.7	3.5	−2.8	6
17	三板水闸	百年一遇	81.5	5.1	−2	18

（资料来源：摘自《珠海市金湾区海绵城市专项规划（2017—2030年）》）

金湾区现状堤围大多已按50年一遇标准进行加固，规划按百年一遇标准进行加固，满足未来防洪需求。同时，结合规划区东部西湖（即金湖，下同）及周边绿地等设置湿地公园作为调蓄水体，既可以缓解洪峰压力，也可以有效降低初期雨水污染，提高水质。

（4）应急管理系统

制定应急预案，健全应急抢险管理制度，确保城市遇到超标降雨仍能保持正常运转，不会造成重大财产损失和人员伤亡。

2. “一点一策”水浸点整治

经梳理，金湾区现存15个水浸点，通过积水原因分析和识别，针对水浸点提出“一点一策”整治总体方案（表3-6）。

金湾区水浸点整治总体方案　　表3-6

编号	水浸地点	主要原因	整治总体方案
1	藤山一路至昌盛花园	山洪影响、地势低洼、排水不畅	新建排水明渠
2	藤山二路水浸街	地势低洼、排水不畅	新建管渠及泵站
3	保利香槟至八达加油站	排水不畅	新建管渠、调蓄设施
4	金银商都片	管渠堵塞	打通通道
5	小林旧城区	地势低洼	泵站强排
6	矿山三连、四连片	管渠堵塞	新建管渠
7	矿山砖厂片	排水不畅	新建管渠和截洪沟
8	鱼月村月堂、鱼塘、列圣、企沙	排水不畅	新建管渠
9	三灶社区	排水不畅	新建管渠
10	鱼林村前锋、卫国、红星、东升	地势低洼	泵站强排
11	金湾交警大队至阳光酒店	排水不畅	增设雨水箅子、改建连接管
12	海澄村的田心及根竹园村	排水不畅	新建管渠
13	金海岸城区（东咀）	地势低洼、山洪入侵	新建雨水管渠、截洪沟
14	青湾工业区	因湖滨路工程施工影响，道路两侧排水渠被截断、堵塞	开挖临时排水沟导流解决
15	草堂湾社区、中心村	小区连接市政排水管网堵塞、海澄村进行住宅建设造成局部排水不畅	管网清疏、开挖临时排水沟排水

（资料来源：摘自《珠海市金湾区海绵城市专项规划（2017—2030年）》）

3.2.4 水环境提升策略

梳理金湾区内外水系连通关系和排污方式，分析影响金湾区水环境的主要污染因素，有针对性地提出水环境质量提升的措施。结合金湾区污染及用地现状，对整个区域提出污染源控制、排水系统改造、提升水环境容量等措施，全面提升水环境质量。根据海绵城市建设的总体要求，全面消除黑臭水体，使河流、湖泊水质总体达标（图3-24）。

金湾区水环境治理应全面统筹，综合整治。多方面考虑区域水环境污染的来源及类型，统筹整个区域层面的污染指标，并进行综合整治。在区域内加快污水处理、排放系统建设，减少点源污染，加强对面源污染的控制。通过海绵设施的建设，对现有城市排水系统及老旧小区进行提标改造，减少城市初期雨水径流污染的输入。对金湾区内污染严重的河涌进行重点专项治理，保障饮用水源及其他优质水体的水质安全，重点强化低质水的治理，逐渐提升河道水质直至全面消除黑臭水体。此外，在适当位置建设生态河道、小微型自然湿地及人工湿地，恢复水体自净功能。

1. 水环境功能区划

根据《珠海市水功能区划》，金湾区内涉及水功能区划一级区3个，分别为磨刀门水道开发利用区、天生河开发利用区、鸡啼门水道开发利用区。涉及水功能区划二级区3个：磨刀门水道饮用渔业用水区，功能区水质目标为Ⅱ类；天生河工业农业用水区，功能区水质目标为Ⅳ类；鸡啼门水道饮用渔业用水区，功能

图3-24 河道综合整治示意图

（图片来源：摘自《珠海市金湾区海绵城市专项规划（2017—2030年）》）

区水质目标Ⅲ类。其中二级区涉及金湾区河涌5个：界河渔业农业用水区，其功能区水质目标为Ⅲ类；三板涌景观农业用水区，其功能区水质目标为Ⅳ类；恒昌涌（沙脊涌）景观农业用水区，其功能区水质目标为Ⅳ类；广发涌景观农业用水区，其功能区水质目标为Ⅳ类；大门水道景观农业用水区，其功能区水质目标为Ⅳ类。涉及湖泊水功能区划一级区1个：西湖开发利用区，水功能区划二级区1个：西湖景观用水区，功能区水质目标为Ⅲ类。涉及水库水功能区划一级区9个开发利用区，水功能区划二级区9个饮用水源区，功能区水质目标为Ⅱ类。

2. 污染全过程控制

以点源和面源污染联合防控为主，从源头、过程、末端加强水环境污染全过程防控。

（1）源头削减措施

加强对面源污染的防控，利用“渗、滞、蓄”设施减少地表径流量；利用“净”设施削减面源污染物。

（2）过程控制措施

加强对点源污染的防控，封堵直排口，设置截流干管截流污水，并逐步将合流制排水体制改建为分流制，在改造难度大的区域适当扩大截流倍数，减少溢流。结合城市开发建设时序，完善区域污水处理设施，并考虑规模适度超前的规划原则，以实现污水全收集、全处理。

（3）末端治理措施

在溢流口设置人工湿地、雨水花园或调蓄池等，以实现对上游的雨污混接导致污染入河前的削减；通过采取中央水系连通、岸线生态化改造、生态浮岛、生态补水、设置河口净化湿地等河道生态化治理手段，强化河道自净能力，恢复河道生态功能。

3. 黑臭水体整治

金湾区建成区黑臭水体治理方案以适用性、综合性、经济性、长效性、安全性为基本原则，制定了以控源截污、内源治理为主、生态修复为辅的基本技术路线，以截污纳管为主要措施，辅助生态自净和建立生态保持的长效管理机制。

3.2.5 水资源利用策略

根据金湾区水资源的来源和特点，水资源利用主要围绕水库水源保护、加强再生水和雨水资源化利用展开。

1. 水库水源保护

根据《珠海市金湾区海绵城市专项规划（2017—2030年）》（表3-7），金湾区列入全市水源保护区的水源地有木头冲水库、黄绿背水库和爱国水库，总库容达到735.92万m^3。

金湾区水库型饮用水水源保护区区划表 表3-7

序号	名称	总库容（万m^3）	水质目标	保护区面积（hm^2）	保护区范围
				一级保护区	一级保护区
1	木头冲水库	508	Ⅱ类	水域：39.88 陆域：310.67	水域：水库正常水位线以下的全部水域；陆域：水库一级水域保护区沿岸正常水位线以上到流域的分水岭的陆域
2	黄绿背水库	161.4	Ⅱ类	水域：12.68 陆域：104.12	水域：水库正常水位线以下的全部水域；陆域：水库一级水域保护区沿岸正常水位线以上到流域的分水岭的陆域
3	爱国水库	66.52	Ⅱ类	水域：5.96	水域：水库正常水位线以下的全部水域；陆域：水库一级水域保护区沿岸正常水位线以上到流域的分水岭的陆域

（资料来源：摘自《珠海市金湾区海绵城市专项规划（2017—2030年）》）

2. 加强再生水和雨水资源化利用

珠海市的再生水回用主要用于河涌景观补水，少量用于厂区内部绿化浇灌等。金湾区已对三灶污水处理厂进行提标改造及扩建，考虑到景观水体水质要求相对简单，从经济合理的角度考虑，目前已将尾水利用于大门水道湿地公园景观水体的生态补水（图3-25）。

在雨水资源化利用方面，试点区部分项目地块设置了雨水调蓄池或雨水罐等，以调蓄雨水。净化后的雨水根据实际需要，将分别用于项目的绿化景观浇灌、道路广场冲洗或冲厕等。

3.2.6 年管控总量控制及指标分解

1. 年径流总量控制率

基于金湾区降雨特征、土壤渗透性差、地下水位高等本地特征分析，结合《珠海市海绵城市专项规划整合规划（2018—2030年）》以及其他城市规划，综合考虑区域开发前的水文特征、控制目标的投资效益分析等因素，论证确定金湾区规划用地范围的年径流总量控制率目标值为70%，设计降雨量为28.5mm。

图3-25　大门水道湿地公园实景图

2. 分区控制与指标分解

通过对金湾区地形数据解析自然汇水流域，结合市级海绵城市专项规划、排水专项规划及金湾区分区规划，将金湾区海绵城市建设划分为三级分区，按照年径流总量控制指标逐级分解，最后落实在地块上，确保海绵城市建设指标的落实与落地。其中，一级分区根据金湾区的排水分区进行划定，将金湾区划分成9个排水分区（图3-26），作为海绵城市建设的一级分区的管控单元。

二级分区在一级分区的基础上，结合控规编制单元和排水片区，细分了主要组团的片区；把一级分区9个管控单元的海绵城市管控指标进一步分解细化，并结合金湾区的控制性详细规划中管控单元的划分进一步微调，使二级分区能满足控规管控的要求，且保持排水分区的完整性。专项规划将一级分区9个管控单元划分为34个二级管控分区（图3-27）。

三级分区将指标分解落实到地块，提出各地块管控指标的确定方法，在二级分区的管控要求基础上，确定地块的海绵建设标准，初步对地块的管控指标提出要求，作为金湾区基本的海绵管理单元（图3-28）。

图3-26 一级分区年径流总量控制率图

（图片来源：摘自《珠海市金湾区海绵城市专项规划（2017—2030年）》）

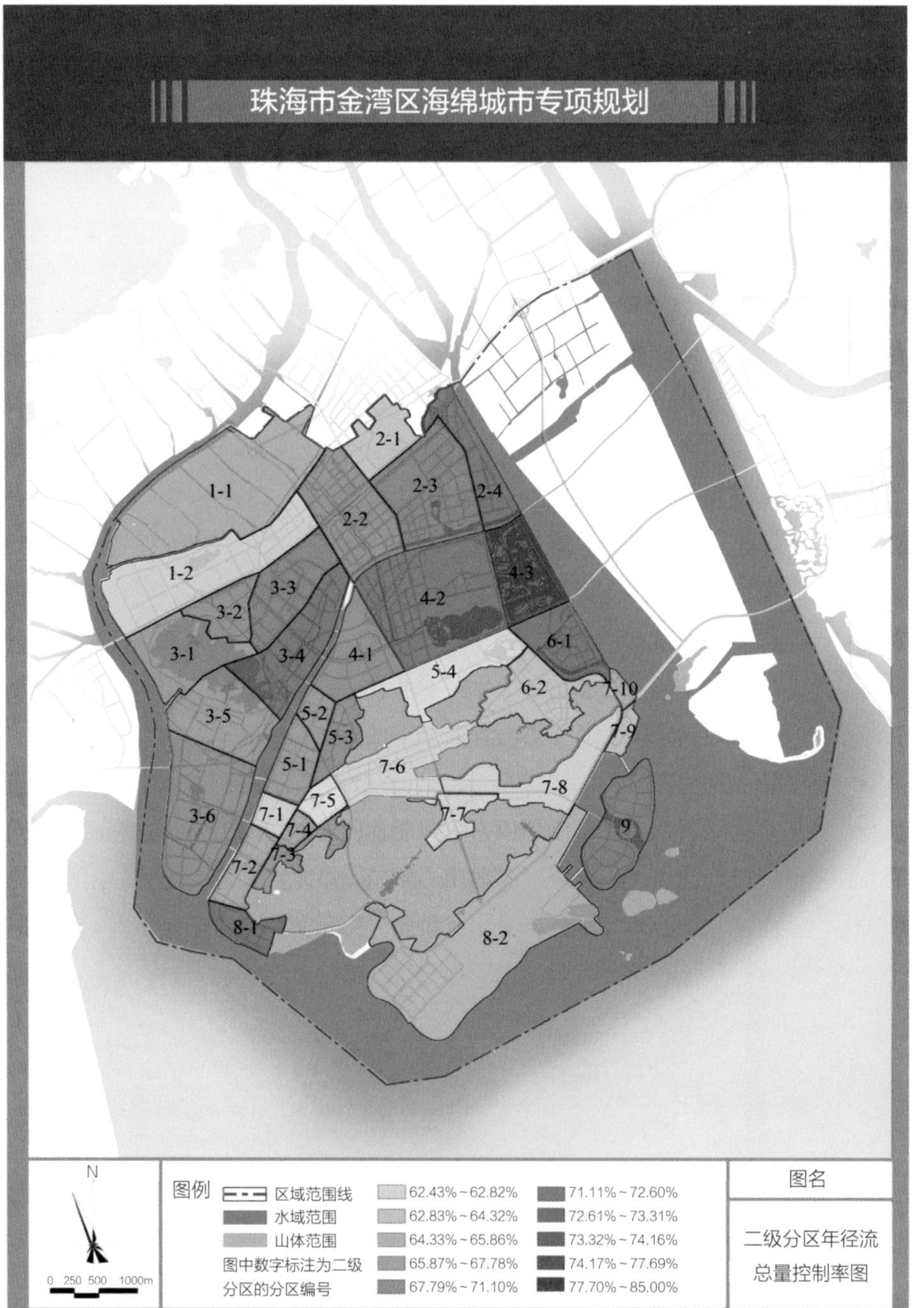

图3-27　二级分区年径流总量控制率图

（图片来源：摘自《珠海市金湾区海绵城市专项规划（2017—2030年）》）

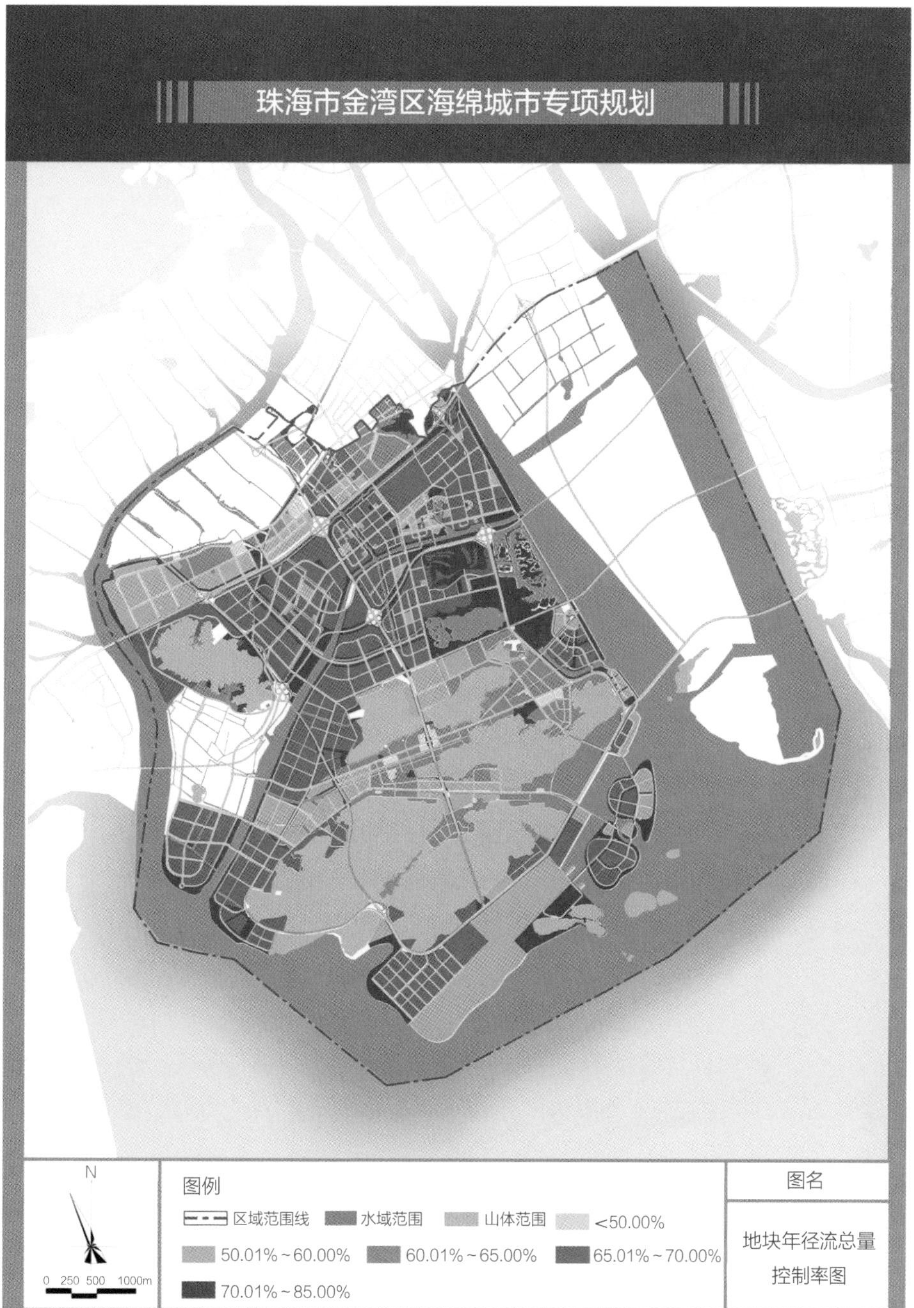

图3-28 三级分区地块年径流总量控制率图

3.3 聚焦成效的金湾试点建设示范区系统方案

海绵城市建设不可能一蹴而就，城镇排水系统过去几十年的问题要解决也并非一日之功。金湾区以国家海绵城市试点建设示范区作为突破口，探索海绵城市建设模式，构建海绵城市全流程管控体系，查找海绵城市建设过程中的各种管控、建设、维护方面的问题，找到适合金湾区当地特点的技术措施。为后续全域推广、全域管控海绵城市建设做好准备。

3.3.1 试点区海绵城市建设技术路线

系统方案是结合金湾海绵城市试点区水生态、水环境、水安全、水资源方面目前存在的问题、水文化的时代发展需求和国家要求，在分析区域水文气象、地形地势、社会经济、片区控规和相关规划的基础上，识别地方政府对区域海绵城市建设的具体诉求和愿景，确定区域海绵城市建设的具体目标；并以海绵城市建设理念为核心，以具体的公园绿地、水系岸线、道路广场、建筑与小区等项目为依托，构建水生态体系、水安全体系、水环境体系和水资源体系。同时，提出海绵城市建设的监测体系方案。具体的技术路线为源头减排、过程控制、末端治理（图3-29）。

3.3.2 排水分区划分

1. 汇水分区划分

以自然属性为特征，依据地形地貌、等高线等进行划分，金湾区试点区位于3个汇水分区范围内，分别为中央水系汇水分区、1号主排河汇水分区、中心河汇水分区（图3-30）。这3个边界相对完整独立、项目考核边界清晰的汇水分区，分别确定一个海绵城市建设主体作为牵头单位，形成了金湾区主要项目建设主体与汇水分区一一对应的局面。各汇水分区的面积根据实际情况确定，不追求数量上的平均与相等（表3-8）。

金湾区海绵城市试点区汇水分区情况表　　表3-8

序号	汇水分区名称	面积（hm^2）	分区建设总体情况
1	中央水系汇水区	870.9	新城区，分流制，基本完成市政基础设施建设、项目以地块及公共空间建设为主
2	1号主排河汇水分区	815.9	老城区，合流、分流管网并存，项目以改造为主
3	中心河汇水分区	580.6	新城区正在进行市政基础设施建设，分流制，项目以新建市政基础设施为主

（资料来源：摘自《珠海市西部中心城区海绵城市试点区（金湾区）建设系统方案》）

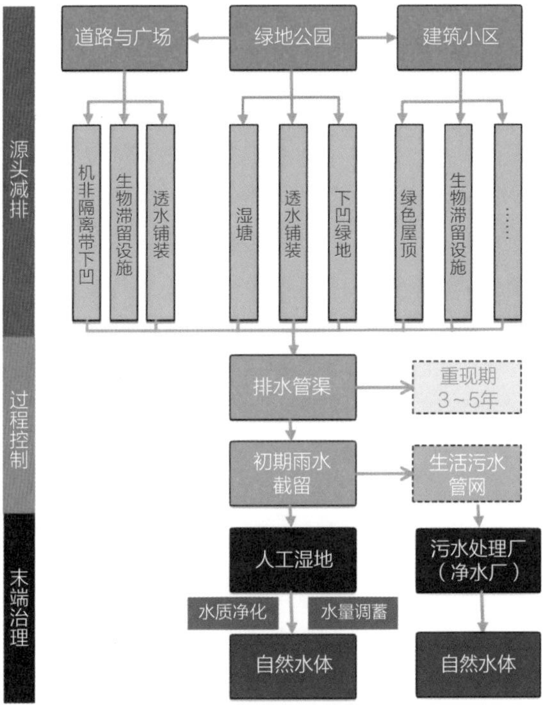

图3-29 技术路线图

（图片来源：摘自《珠海市西部中心城区海绵城市试点区（金湾区）建设系统方案》）

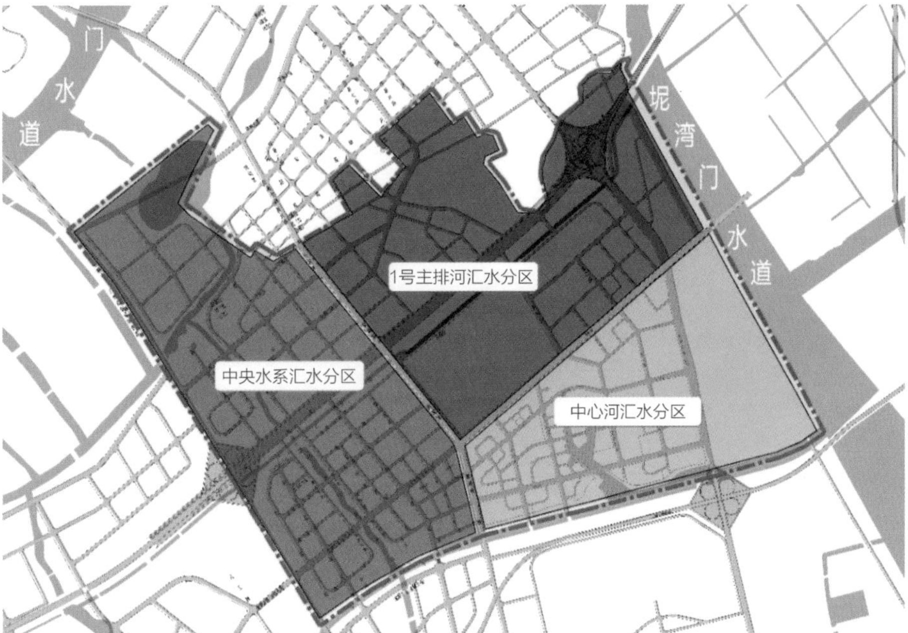

图3-30 金湾区海绵城市试点区汇水分区划分

（图片来源：摘自《珠海市西部中心城区海绵城市试点区（金湾区）建设系统方案》）

2. 排水分区划分

海绵城市排水分区划分的主要目的是根据片区的地形地貌特征、地物的集聚特点、自然和人工元素，结合海绵城市重点解决的问题，考虑城市建设的时序与阶段，在试点区范围进行一定的分类，确定各自海绵城市建设路径、控制指标和主要项目。以金湾区试点区流域分区及地形为基础，统筹片区汇水特点，统一划分为7个面积不等的排水分区（表3-9），并将海绵城市建设的年径流总量控制率指标一并予以分解（图3-31）。

金湾海绵城市试点区排水分区面积表 表3-9

汇水分区名称	面积（hm^2）	总面积占比（%）
Ⅰ	480	21.2
Ⅱ	262.2	11.5
Ⅲ	128.7	5.7
Ⅳ	580.6	25.6
Ⅴ	460.3	20.3
Ⅵ	304	13.4
Ⅶ	51.6	2.3

（资料来源：摘自《珠海市西部中心城区海绵城市试点区（金湾区）建设系统方案》）

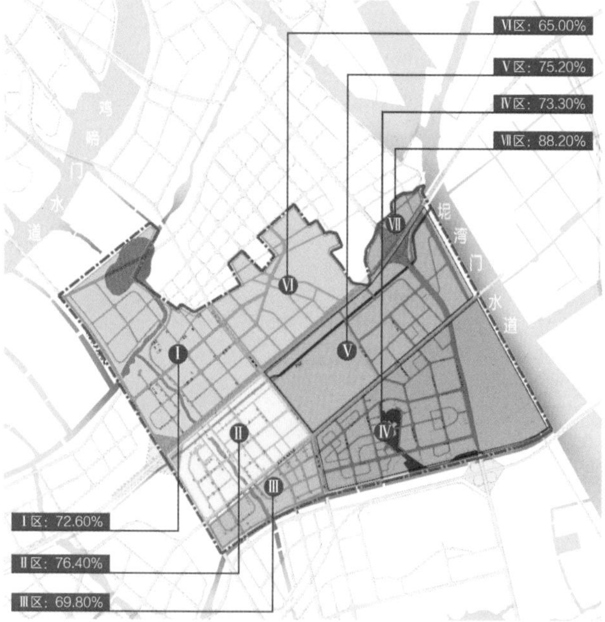

图3-31 金湾区海绵城市试点区排水分区划分及径流总量控制率分配

（图片来源：摘自《珠海市西部中心城区海绵城市试点区（金湾区）建设系统方案》）

3.3.3 海绵城市建设方案研究

1. 水生态修复方案

首先，第Ⅰ、Ⅴ、Ⅵ排水分区等红旗镇老城区以问题为导向，第Ⅱ、Ⅲ、Ⅳ、Ⅶ排水分区等新建区以目标为导向，同时综合考虑地区径流总量与径流污染控制需求、河湖水系保持生态水位与景观营造的补水需求、技术与经济与析、环境与社会效益衡量等因素，进行年径流总量控制率指标分解。结合生态岸线工程进行雨水排放口生态化改造，作为试点区水系的生态补水来源，综合试点区年径流总量控制率达70%的规划目标要求（图3-32）。

其次，完善城区规划水系，使之与城市规划协调同步，解决部分地势低洼地区排水不畅，甚至存在的断头涌问题，提高防洪排涝能力，增强河网水系的流动性，改善水体水质，保障区域河湖水面率，满足金湾区海绵城市建设要求（图3-33）。研究提出实施四类河湖水系工程：一是水系畅通工程，对现状1号主排河、中央水系、中心河等主干河道进行互联互通，瓶颈拓宽、清淤疏浚，实现大断面互通；二是水系加密工程，主要是在排涝能力薄弱区域新开生态河道，如双湖路排洪渠，创造新的排放路径，或将现状河道延伸，新增与主干河道的交叉联系，如将中央水系向北延伸，打通与1号主排河的连接，增加主干水系网格的密度；三

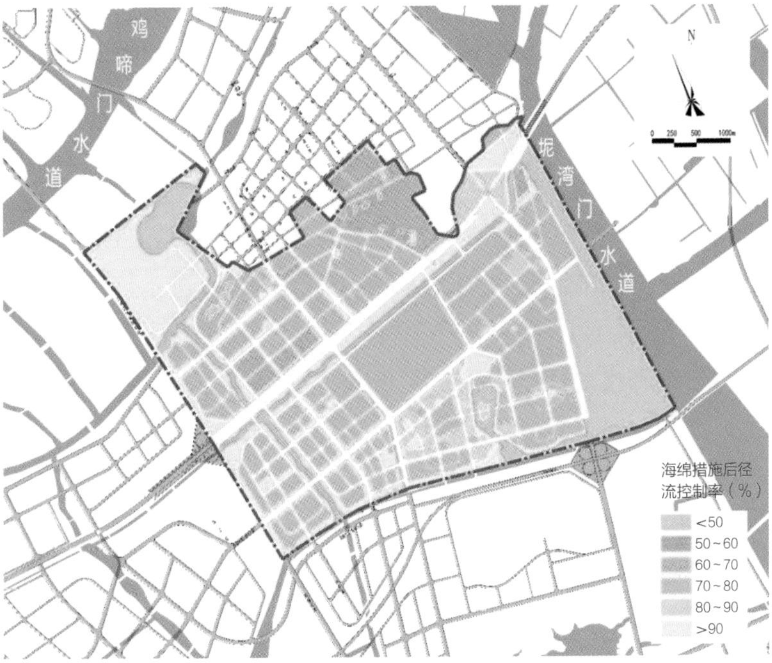

图3-32 径流控制实施后年径流总量控制率

（图片来源：摘自《珠海市西部中心城区海绵城市试点区（金湾区）建设系统方案》）

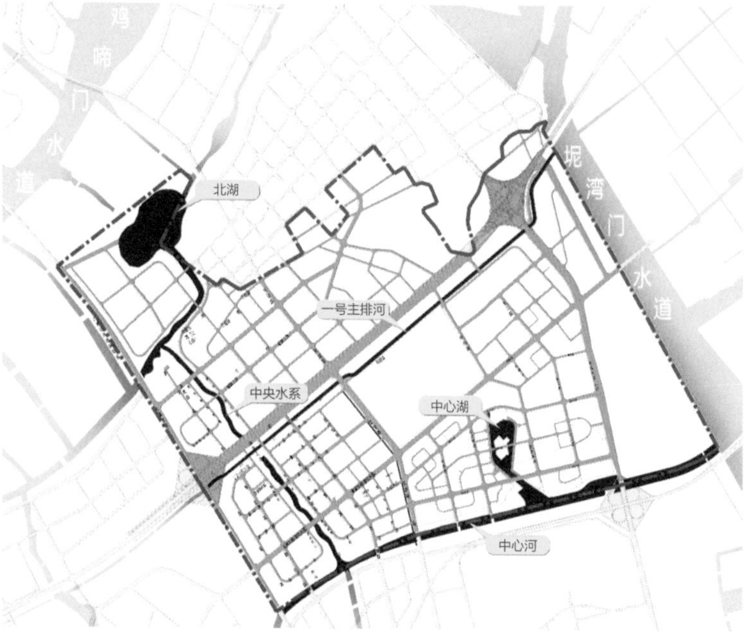

图3-33　金湾区海绵城市试点区水系规划示意图

（图片来源：摘自《珠海市西部中心城区海绵城市试点区（金湾区）建设系统方案》）

是新建调蓄水体，包括调蓄湖泊与湿地；四是依据生态自然的设计理念，对示范区内主要河流和排洪渠（一号主排河、中央水系、中心河、双湖路排洪渠、机场东路排洪渠）的岸线进行改造，保证雨洪安全的同时发挥河流的生态和景观功能。通过修复、恢复原有水体水系，根据规划新建调蓄水面、景观水体、行洪通道，打通断头涌，构建畅通互联的河湖水系，并保证河湖水面面积只增不减（表3-10）。

金湾区海绵城市试点区新增河湖水面统计表　　表3-10

新增河湖	面积（hm^2）
中央水系	27.3
一号主排河及其沿线湿地	16.9
中心河	28.5
机场东路排洪渠	1.4
双湖路排洪渠	2.77
中心湖公园	21.8
合计	98.67

（资料来源：摘自《珠海市西部中心城区海绵城市试点区（金湾区）建设系统方案》）

2. 水环境改善方案

（1）技术路线

试点区水系现状水质标准达不到水环境的功能区划要求，不能满足海绵城市的要求。为确保区域水体的长治久清、水质长期保持在地表水Ⅳ类，本方案采用水环境的目标倒逼机制、以流域为单元的系统治理体系和全过程的污染防治技术——将污染削减指标分解到每个污染来源；以每个排水分区为流域单元，在流域范围内进行系统化统筹，在不同地块与项目分别布置适宜的海绵设施，通过分布式生态治理，力争在地块和小流域两个层面使污染物控制达到要求；构建从源头减排、过程控制到末端治理的全过程污染治理与防控体系（图3-34）。通过源头建设低影响开发设施削减径流污染，进行人工湿地截流和净化初期径流污染，结合末端建设生态浮床和人工湿地进行系统控制，区域面源污染控制率（以TSS计）达到45%；同时，开展项目区域内雨水管道、污水管道的建设、污水处理厂建设、淤泥清淤和处理，保障河湖水质保持Ⅳ类水的目标。

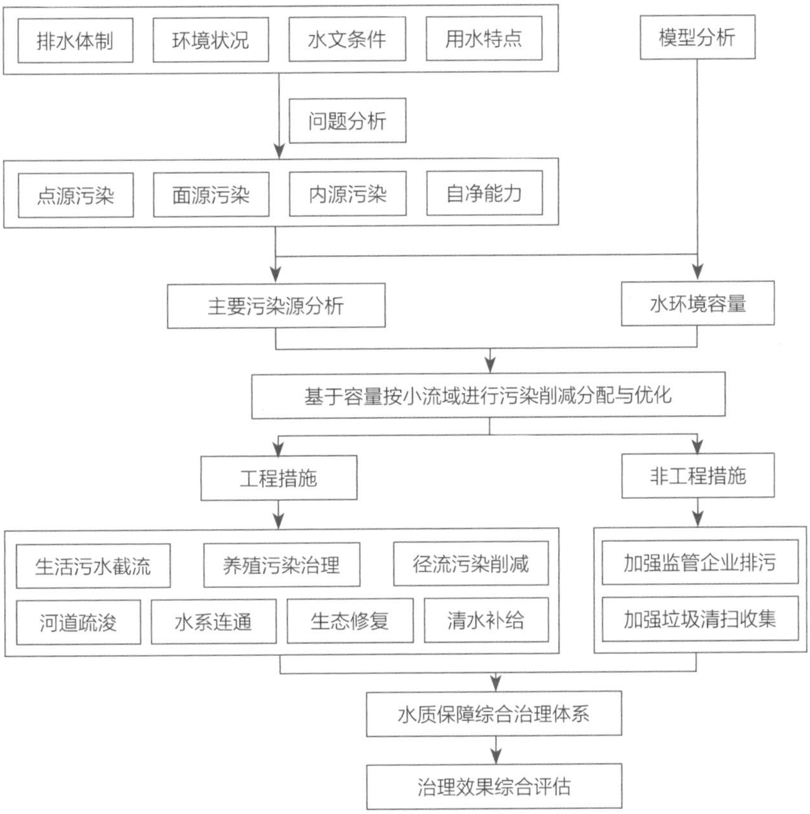

图3-34 金湾区水环境改善方案技术路线

（图片来源：摘自《珠海市西部中心城区海绵城市试点区（金湾区）建设系统方案》）

金湾区试点区水质保障方案基于TMDL方法，通过以下五个方面实现水环境建设目标：

1）控源截污：LID+生活污水截流和雨污分流；

2）内源治理：水系连通+河道疏浚；

3）生态修复：生态岸线+排放口湿地；

4）活水保质：人工湿地+曝气充氧；

5）长治久清：确保试点区域河湖水质保持Ⅳ类。

（2）案例解读

以金湾区海绵城市试点区内典型河道1号主排河治理方案为例（图3-35），对水环境提升方案进行详细解读。

1号主排河为东西向排洪渠，位于珠海大道南侧，横穿金湾区海绵城市建设试点区。试点建设前，双湖路西侧段尚未建设，主要服务于双湖路东侧的红旗镇老城区和学校区。

图3-35　金湾区海绵城市试点区1号主排河周边源头小区海绵改造布局图

（图片来源：摘自《珠海市西部中心城区海绵城市试点区（金湾区）建设系统方案》）

源头削减：通过1号主排河流域源头海绵城市建设项目，削减面源污染，控制排入河道的污染物总量。

过程控制：结合红旗镇老城区道路提升工程进行道路海绵城市建设及管网提标改造，红旗镇老城区污水管网专项改造工程，以及红旗镇污水管网排查和清淤工程。上述管网工程消除污水直排，消除合流制市政管网及市政管网雨污混接，提升雨水管网排水标准和污水管网的排水能力，并对雨污水排水系统进行清淤，减少了排口管网淤泥的点源污染。

系统治理：对1号主排河进行清淤疏浚，并在1号主排河北岸设置人工湿地对红旗镇老城区设计降雨量范围内的雨水进行调蓄和净化（图3-36），湿地出水用于补充1号主排河生态需水。人工湿地末端还设置了循环水泵，在降雨量较少的旱季提升河道水进入湿地进行处理，维持湿地动植物群落营养需求，并对旱季几乎无生态补水的1号主排河进行循环补水。

图3-36　1号主排河人工湿地设施服务范围

（图片来源：摘自《珠海市西部中心城区海绵城市试点区（金湾区）建设系统方案》）

3. 水安全保障方案

根据专项规划，结合试点区具体问题与需求，有针对性地提出构建源头减排、排水管渠、水体蓄排3套系统工程，同时发挥应急管理系统科学调度与统筹管理功能，提高试点区应对超标降雨的能力，保障人民群众生命财产安全。

（1）源头减排系统

按建筑与小区特点，因地制宜地选用海绵城市“渗、滞、蓄、净、用、排”等多种功能措施组合，构建低影响开发系统，从源头进行雨水径流量控制。

（2）排水管渠系统

一是随着城市开发建设按照新的标准配套建设市政管网，或结合老城区道路改造，对淤堵的排水管渠进行疏浚，对损坏的管网予以修复，对不达标的市政管网进行提标改造，保障管网排水能力；二是逐一分析历史水浸点的形成原因，分别采取在局部低洼地区增设排水泵站或增加涝水分流管等措施（图3−37），消除内涝隐患；三是通过科学规划、合理布局地表蓄渗沟、行泄通道等涝水行泄通道，构建地表超标雨水排除系统，确保超标降雨时产生的涝水能遵循“高水高排、低水低排”的原则按照既定的路径及时、快速排走。

图3−37　金湾区海绵城市试点区雨水系统建设图

（图片来源：摘自《珠海市西部中心城区海绵城市试点区（金湾区）建设系统方案》）

（3）水体蓄排系统

结合试点区水系规划，完善规划河网，增加水面，同时新建和改造泵闸及优化调控，预降区域水位，完善水体蓄排系统，为雨水回用及超标降雨的临时调蓄预留空间，增强城市应对极端灾害天气的韧性（图3-38、表3-11）。

图3-38 金湾区海绵城市试点区水系工程建设示意图

（图片来源：摘自《珠海市西部中心城区海绵城市试点区（金湾区）建设系统方案》）

金湾区海绵城市试点区河道工程一览表 表3-11

序号	河道名称	建设方式
1	1号主排河	拓宽、清淤、疏浚、生态护岸，新建1号排涝泵站、重建1号水闸
2	中央水系	新开河段、连通、拓宽、疏浚、清淤、生态护岸
3	中心河	拓宽、疏浚、清淤、连通、生态护岸
4	机场东路排洪渠	拓宽、生态护岸
5	双湖路排洪渠	新开河道、生态护岸

（来源：摘自《珠海市西部中心城区海绵城市试点区（金湾区）建设系统方案》）

4. 水资源利用方案

通过在示范区部分项目如华发商都、公共文化中心、机场东路等用地范围内选址建设雨水调蓄设施或设置不同材质的雨水罐（桶）等，将雨水分流或净化后进行储存，根据项目实际情况分别用于浇灌花草树木、清洗路面广场等；或利用现有的河湖水系，在保证防洪排涝安全的情况下，利用闸坝等控制，适时适当抬高水位，营造水体景观，补充地下水，蓄淡排咸，并作为枯水期河道的生态补水，达到雨水资源化利用的目标要求，如中心河、西湖、一号主排河等。

3.3.4 分区建设方案

针对7个排水分区的特点，系统方案本着因地制宜、系统施策、区别对待、有所侧重的原则，对各个分区进行更加深入、更加全面的问题梳理与识别，并针对性地提出符合各分区实际情况、符合分区建设目标的“源头减排、过程控制、系统治理”技术路线。7个排水分区中，第Ⅱ、Ⅲ、Ⅳ排水分区属于新建区，坚持以目标为导向，通过构建完善的海绵体系，实施对城市雨水径流全流程管控，提高城市的韧性与弹性，实现缓解城市内涝、改善城市生态环境质量、传承地域水文明等多重目标；第Ⅰ、Ⅴ、Ⅵ、Ⅶ分区为建成区，坚持以问题为导向，瞄准老城区普遍存在的雨污混流、水体黑臭、内涝频发、设施落后等突出问题，通过分别量身制定个性化的系统方案，着重根治内涝积水点，保障水安全，消除黑臭水体，改善水环境等，解决社会各界关注度高、对居民群众生产生活影响大的涉雨涉水问题，保障分区达到海绵城市建设目标要求。

1. 排水分区Ⅰ

该分区总体为建成区，但实际上红旗河以北区域大部分为农业用地，与本底一致，生态本底良好，尚未进行开展建设，保持原状；红旗河以南区域已纳入开发建设，则坚持以问题为导向制定实施方案，组织开展海绵城市建设，项目分布如图3-39所示。

（1）源头减排

建设海绵型道路与广场升级改造工程与公用设施源头减排工程改造，把城市道路和建设小区红线内的径流雨水有组织地汇流与传输，经沉淀、消能等预处理后引入道路及小区红线内、外绿地内，并通过设置在绿地内的、以雨水渗透、贮存、调节等为主要功能的低影响开发设施进行处理后，排放至市政排水管网。

图3-39　排水分区 I 项目分布图

（2）过程控制

在结合市政基础设施海绵化改造的同时，同步将排水管网均按3年一遇排水标准进行提升，提高过程控制能力，确保设计标准内的雨水径流全部纳管，不会形成内涝积水点。

（3）末端治理

对分区内的河流实施清淤扩容、控源截污、内源治理、生态修复等改造工程，畅通分区内断头涌，实现水系连通，通过河流水系生态系统的自净能力，消纳分区内相应地块的雨水径流与面源污染，修复水生态，改善水环境，并为超标雨水宣泄预留空间与路径。

2. 排水分区 II

该排水分区属于新建区，以目标为导向，坚持“源头减排、过程控制、系统治理”的原则，按照全流程系统化开展海绵城市建设的路径制定实施方案，推进海绵城市项目建设，项目分布如图3-40所示。

（1）源头减排

实施10余项海绵型道路与广场升级改造工程，落实地块径流控制指标，发挥

图3-40　排水分区Ⅱ项目分布图

源头减排、污染削减功能，并为雨污分流、过程控制的管网实施提供空间与载体。

（2）过程控制

结合道路海绵化改造，对片区内过流能力不达标的市政排水管渠拆除重建，对达标部分的市政排水管渠进行清淤、增设检查井、新增雨水箅子及雨水支管等改造，为雨污分流、经过海绵设施净化缓释的雨水、设计标准内的径流构建畅通的排放路径，确保不新增道路积水点。

（3）系统治理

实施水系连通和生态化改造工程。打通中央水系和1号主排河，构建跨分区的流域性骨干水系网络，为洪水预留更大的滞蓄空间与更宽的宣泄通道；严格划定水域保护控制线，修复并维系河道的自然形态，构建由“沉水植物—浮游植物—挺水植物—近岸湿生植物—陆生植被”组成的较为完善的水陆生态系统，净化雨水、调蓄洪水和蓄积淡水，不仅满足地块径流控制目标，还要预设足够的空间能力，消纳周边地块的径流。

3. 排水分区Ⅲ

该排水分区属于新建区，以目标为导向，坚持“源头减排、过程控制、系统治理”的原则，按照全流程系统化开展海绵城市建设的路径制定实施方案，推进海绵城市项目建设，项目分布如图3-41所示。

（1）源头减排

结合主干路网建设与改造，在道路中央分隔带和两侧绿化带建设具有雨水渗透、净化功能的生物滞留设施，推广绿化带雨水花园、旱溪、下凹式绿地与透水铺装的使用，再辅以雨水径流路径组织与优化，实现道路的源头雨水径流控制及污染物削减。

（2）过程控制

加大投资力度，按照新的标准设计、推进雨污分流的市政管网建设，确保设计标准内的雨水径流能及时收集、传输与排放，不会产生道路局部内涝积水。

（3）系统治理

实施水系连通和生态化改造工程。打通中央水系和中心河，联通1号主排河和中心河，构建跨流域的骨干水系网络；实施骨架河生态岸线改造，修复水生态，改善水环境，不仅为分区全面实现径流控制的目标提供坚实基础，还要提升本区域雨水滞蓄容积与防洪排涝能力，并为不同流域水系的分洪、蓄洪、滞洪提供空间与路径。

图3-41 排水分区Ⅲ项目分布图

4. 排水分区Ⅳ

该排水分区属于新建区，以目标为导向，坚持“源头减排、过程控制、末端治理”的原则，按照全流程系统化开展海绵城市建设的路径制定实施方案，推进海绵城市项目建设，项目分布如图3-42所示。

（1）源头减排

在Ⅳ分区的开放性公园和新建小区中构造生态雨水滞蓄系统，充分利用连片的绿地及未开发地作为雨水蓄滞空间，消纳自身及周边建筑密集区域的雨水，对雨水径流进行有效调蓄和污染拦截，同时做好公共绿地与地块、雨水管渠的衔接工作，保证绿地能够接纳周边地块雨水，降低雨水管渠的排水压力，减少建成区内涝的发生。主要采取措施有: 植草沟、下凹式绿地、生物滞留设施、生态驳岸等低影响开发措施。

（2）过程控制

主要对该区域内的现状排水渠（沟）进行拓宽、清淤，保证排水系统达到规划设计重现期要求，同时把海绵城市理念融入排水渠（沟）两侧的生态环境改善中，控制地块及周边道路的雨水径流与面源污染。

图3-42 排水分区Ⅳ项目分布图

（3）末端控制

实施分区内骨架河网建设与生态提升工程，在末端承担分区系统的治理功能，增加本区域雨水滞蓄容积，提升防洪排涝能力。

5. 排水分区Ⅴ

该分区为近年新开发建设的建成区，坚持以问题为导向为主、以目标导向为辅的原则制定海绵城市建设实施方案，推进项目建设，项目分布如图3-43所示。

（1）源头控制

主要以公建项目的海绵化改造及新建项目按规划控制目标落实为主，配合道路源头改造项目，实施分散式源头减排设施控制设计标准内的雨水径流。

（2）过程控制

该分区为建成区，但不是老城区，是近年新开发建设的区域，片区整体采用分流制排水体制，且管网设计重现期均采用3年一遇，可与海绵城市建设目标要求相匹配。待建市政道路管网工程需要落实海绵城市建设理念。

（3）末端治理

为克服该分区土地开发强度普遍较大、过程控制项目较少、源头减排项目难

图3-43 排水分区Ⅴ项目分布图

以实现海绵建设目标的困难，需要因地制宜，重点配套建设末端系统的治理类项目，对珠海大道与1号主排河间（双湖路—金湾立交）现状有大片绿地实施海绵化改造，集中建设规模化末端调蓄湿塘，不仅可满足本分区接入1号主排河排口的雨水处理要求，还可容纳处理相邻Ⅵ分区的径流雨水。

6. 排水分区Ⅵ

该分区为建成区，坚持以问题为导向制定实施方案，推进海绵城市项目建设，项目分布如图3-44所示。

（1）源头控制

主要以学校、医院等公建和道路海绵化改造为主，老旧小区结合城市更新计划及居民需求，分批实施海绵化改造。对于没有海绵化改造的老旧小区和没有绿化带难以实施生物滞留设施的支路，本着实事求是的原则，先行实施雨污分流工程和环保型雨水口改造，重点解决区域点源污染和面源污染问题，而径流雨水管制指标则统一由末端承担。

（2）过程控制

结合道路海绵化理念，对分区内合流制的市政排水管渠进行改造重建，对达

图3-44 排水分区Ⅵ项目分布图

标市政排水管渠进行清淤疏通，据实增加检查井和雨水箅子、改造雨水支管等设施，确保市政排水管渠排水顺畅。重点结合片区3个内涝积水点的特点与成因，提升泵站功能，调整片区内部分道路的排水管网走向，改变其最终受纳水体，在解决片区水浸问题、提高片区水安全的同时，减轻原受纳水体的外源污染负荷，改善片区水环境。

7. 排水分区Ⅶ

该分区为建成区，但是本底条件较好，绿化面积高且有数量可观的水体面积可以利用，因此，坚持以解决问题为要、以目标为导向制定实施方案，推进海绵城市项目建设，项目分布如图3-45所示。

（1）源头减排

因地制宜，因项目制宜，灵活采用多种组合措施，推进公建小区、立交桥、体育公园的海绵化改造工程，实现不同地块的源头减排。

（2）过程控制

瞄准分区内的雨污混流问题，通过雨污分流改造，建设有效的截洪系统，合理规划泄洪通道等措施，使排水管网达到3年一遇，并对区域内传输雨水径流的

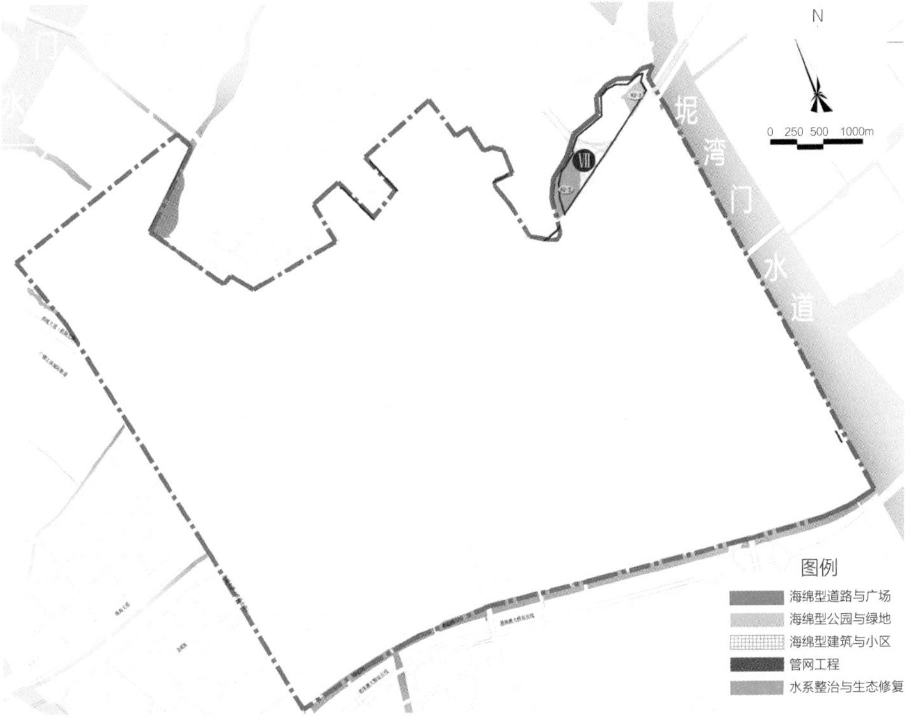

图3-45 排水分区Ⅶ项目分布图

排水明沟（渠）进行拓宽、清淤，改善两侧生态环境，提升整体景观效果。

（3）末端治理

对区域内数处水体，结合海绵工程的实施打造为生态雨水滞蓄系统，充分利用连片的绿地及地块内的水体作为雨水蓄滞空间，消纳自身及周边地块的雨水，并顺畅消纳周边道路及地块径流雨水，降低下游水体的净化与蓄洪压力，减少该建成区内涝的发生，提升本区域抵御洪涝灾害的韧性与弹性，保障重点公建项目与交通枢纽的水安全。

3.3.5 试点期建设项目实施规划

金湾区海绵城市建设试点区项目共有82个，涉及海绵城市建设总投资36.6亿元，包括源头减排类项目43个，过程控制类项目29个，末端治理类项目10个（表3-12），分布在7个试点分区内（图3-46）。其中珠海市西部中心城区海绵城市试点PPP项目（金湾区）有3个，包含37个PPP子项。

图3-46 金湾区海绵城市建设试点区项目分布图

金湾区海绵试点范围各排水分区分类项目情况　表3-12

排水分区	排水分区Ⅰ	排水分区Ⅱ	排水分区Ⅲ	排水分区Ⅳ	排水分区Ⅴ	排水分区Ⅵ	排水分区Ⅶ	总计（项）
源头减排类项目（个）	5	8	0	17	5	2	0	43
过程控制类项目（个）	1	16	0	12	0	4	0	29
末端治理类项目（个）	1	3	2	3	1	1	1	10
合计	7	27	2	32	6	7	1	82

（资料来源：摘自《珠海市西部中心城区海绵城市试点区（金湾区）建设系统方案》）

第4章

珠海金湾海绵城市建设机制与技术保障

金湾区海绵城市建设领导小组办公室作为22.7km^{2}海绵城市试点区建设的管理和协调单位，不仅要有力执行珠海市海绵城市机制体制和管理模式，对海绵城市相关建设单位、设计单位、施工单位进行管理，还需要与海绵城市建设中影响到的本地居民开展直接对话和协调，倾听他们的呼声与诉求，因此，在金湾区的海绵城市机制体制完善和管理模式创新上，突出的特点就是以人民为中心的下沉式管理和不增加额外审批流程与时长的海绵城市专项审核服务。

4.1 市区统筹协作，海绵主管部门各司其职

4.1.1 市区两级垂直管理、分工明确

为统筹开展海绵城市建设工作，珠海市人民政府办公室于2014年成立了珠海市海绵城市专项工作领导小组和办公室（简称市海绵办），并结合珠海市市区两级管理体制以及全市域推进海绵城市建设的需求，在各区（功能区）先后成立了区级海绵城市建设试点专项工作领导小组和办公室（简称区海绵办），形成市区两级垂直管理、分工负责的组织架构（图4-1）。

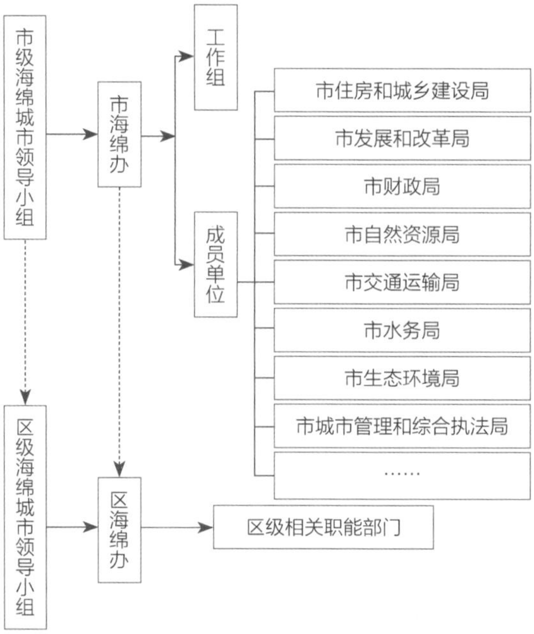

图4-1 珠海市海绵城市建设组织架构图

（图片来源：根据《珠海市海绵城市建设管理办法》相关内容整理）

市海绵办与区海绵办工作紧密配合，市级部门主要负责督导、指导、调度、协调等工作，指导全市技术标准制定、行业管理文件的编制和发布，推进总体工作计划和项目建设，统筹海绵城市建设。区级部门严格把控项目建设的进度和质量，建立并完善项目巡查制度。

4.1.2 成立金湾区海绵办，协调推进

2017年3月3日，金湾区人民政府发布《关于成立金湾区海绵城市建设工作领导小组的通知》，正式成立金湾区海绵城市建设工作领导小组，以金湾区政府主要领导为组长，以金湾区财政局、住房和城乡建设局、自然资源局金湾分局、水务局等单位为成员的区海绵城市建设工作领导小组，共同承担起研究推进全区海绵城市建设工作的任务。此后，随着金湾区海绵城市建设工作领导小组部分成员单位职能调整及人员变化，分别于2017年、2018年和2022年先后进行了三次成员调整，以更好地推进海绵城市建设，提高工作效率。

金湾区海绵城市建设工作领导小组办公室设在区住房和城乡建设局，办公室主任由住房和城乡建设局局长兼任。负责对接市海绵办，及日常具体事务的协调和处理等。

为加快推进金湾区海绵城市建设，提升金湾区城镇生态环境，促进城镇绿色发展，落实《珠海市海绵城市建设管理办法》，金湾区结合实际情况制定《珠海市金湾区海绵城市建设管理导则（暂行）》（简称《导则》）。

《导则》明确了金湾区海绵城市建设的基本原则、工作目标、建设要求、适用范围、管理体制、考核督查等方面，并明确区海绵办各小组成员的职责（表4-1），以及建设项目从规划、立项、用地审批到设计、建设、验收、运营等各阶段的管理要求，为金湾区海绵城市建设构建起全过程管控框架。

各职能部门主要职责 表4-1

序号	部门	责任分工
1	金湾区发展和改革局	负责将金湾区海绵城市建设纳入国民经济和社会发展战略、中长期发展规划和年度发展计划中；将海绵城市建设内容纳入政府投资项目方案的拟定、审批、上报工作中
2	金湾区财政局	负责制定研究和组织拟定中央及地方支持海绵城市试点城市专项资金使用的方针政策、规章制度，监督和管理中央和地方支持海绵城市建设资金的支出，检查、反映财政投资海绵城市建设资金收支管理中的重大问题，提出加强财政支持海绵城市建设资金管理及使用的政策建议。负责将海绵城市建设纳入金湾区发展战略和中长期财政规划、年度区级财政预算中

续表

序号	部门	责任分工
3	金湾区住房和城乡建设局	负责制定完善有关海绵城市规划技术标准规范。负责将海绵城市建设纳入施工图审查、建筑工程施工许可证和竣工验收等审批管理，制定完善有关海绵城市设计、施工、验收及运营维护的相关技术标准规范，做好海绵城市专项设计、施工等建设工程质量的监督管理。负责在编制排水防涝、城市蓝线、绿线专项规划中，纳入海绵城市建设相关要求和内容，将海绵城市建设纳入绿色图章管理，建设和管理海绵城市监测平台。负责在全区道路和交通设施规划建设中，纳入海绵城市建设相关要求和内容，将海绵城市建设纳入交通工程质量技术管理，指导道路交通工程建设主体落实海绵城市建设要求。 负责将金湾区海绵城市生态格局保护，纳入日常林业环境保护和国土绿化工作中
4	珠海市自然资源局金湾分局	负责在城市总体规划、控制性详细规划中落实海绵城市专项规划的内容和要求，按照海绵城市专项规划将海绵城市建设要求纳入规划选址意见书、出让用地规划条件、市政工程规划设计条件、建设用地规划许可证、建设工程规划许可证审批管理
5	金湾区农业农村和水务局	负责将海绵城市建设纳入新农村建设统筹工作。负责将海绵城市建设内容纳入水资源开发利用保护、河道管理工作中
6	金湾区财政投资审核中心	负责制定区财政投资海绵城市专项评审相关管理制度，参与政府性、财政性资金投资海绵城市建设工程项目的可行性评估及论证工作。 负责区本级政府性、财政性资金投资海绵城市建设项目的投资估算审查、概算审查、招标文件或合同（含镇）事前审核和工程预算（包括工程造价、招标控制价）、进度款支付、结算、竣工项目财务决算的审核等工作。 负责区本级政府性、财政性资金投资海绵城市建设项目工程效益后期评价、财务效益评估和固定资产项目节能评估审查工作。 参与区本级政府性、财政性资金投资海绵城市建设项目的竣工验收和绩效评价等工作
7	其他部门、单位	区生态环境局、区城市管理综合执法局、红旗镇、三灶镇、南水镇、平沙镇、高栏港经济区市政服务中心、珠海水控集团、华金公司、中铁投资股份有限公司及其他相关部门、单位，按照职责分工，共同做好海绵城市建设相关工作

（资料来源：根据《珠海市金湾区海绵城市规划建设管理导则（暂行）》相关内容整理，2022年领导小组成员单位更新）

4.2 注重制度保障，全面协调统筹项目建设

珠海市人民政府于2018年发布了《珠海市海绵城市建设管理办法（试行）》，结合三年的海绵城市建设实践和国家的最新要求，修订并发布《珠海市海绵城市建设管理办法》，建立了职能分工明确、责任分解清晰和奖惩标准完善的工作机

制，将海绵城市的建设要求分解落实到各职能部门的城市建设管理工作中，要求“全市所有新建、改建、扩建项目应按照海绵城市要求进行建设，海绵城市设施与建设项目主体工程同步规划设计、同步施工、同步验收、同步移交运营”的同时，提出规划、立项、用地、设计、建设、验收、移交、运营管理的相关要求。

金湾区在此基础上，结合金湾实际情况，制定金湾区海绵城市建设管理导则，进一步落实珠海市海绵城市建设管理制度，并要求各部门将海绵城市建设工作纳入部门日常工作管理流程，从规划、立项、用地、审图、建设、验收、运管、监测等项目全过程提出管控要求（表4-2），完善建设项目全过程管控制度。

金湾区海绵城市建设管控内容要求 表4-2

序号	保障措施	内容要求
1	规划编制要求	海绵城市专项规划是建设海绵城市的重要依据，是城乡规划的重要组成部分。金湾区海绵城市专项规划由区政府负责组织编制。海绵城市专项规划应确定金湾区海绵城市建设空间总体布局，分解落实雨水年径流总量控制率等海绵城市强制性指标，提出海绵城市建设目标、策略、适宜本地条件的低影响开发措施、建设方案和建设计划
2	规划衔接	编制或修改其他规划时，应将雨水年径流总量控制率纳入强制性指标，落实海绵城市建设任务和项目计划，与海绵城市专项规划充分衔接
3	立项要求	政府投资项目在项目建议书中应对海绵城市建设设施适宜性进行阐述，明确海绵城市建设目标；在可行性研究报告中应论证海绵城市建设目标可达性及实施措施，对技术可行性和经济合理性进行论证比选并提出投资估算。社会投资项目在项目备案或核准申请报告中应提出海绵城市建设的目标、措施、主要建设内容、规模及社会效益情况
4	用地要求	建设项目的选址意见书、出让用地规划条件或市政工程规划设计条件等项目前置审批条件，应按照海绵城市规划要求提出雨水年径总量控制率等海绵城市建设基本指标要求和主要内容，并纳入建设用地规划许可证的规划条件
5	设计管理要求	项目单位应在项目的各设计阶段增加海绵城市设计专篇。海绵城市设计专篇应包括海绵城市建设工程要求、项目规划方案、海绵城市计算书（含年径流总量控制率计算、海绵城市设施规模计算、指标核算情况表等），并满足国家和珠海市海绵城市相关技术规划和标准
6	工程规划许可	项目单位应按照严格规划条件要求开展海绵城市方案设计，规划部门的建设工程规划许可审批与区海绵办的海绵城市技术审查并行
7	施工图审查、建筑工程施工许可	双审查制。区海绵办和专业审图机构对海绵城市设计内容进行审查。区海绵办对项目进行初步设计和施工图设计海绵专项设计审查；专业审图机构对项目施工图设计进行整体审查时，一并审查海绵城市设计内容。两机构在审查意见书中明确海绵城市设计内容的审查结论。区海绵办出具海绵城市施工图专项审查意见为海绵城市施工图专项结论，作为专业审图机构审查意见书的补充。海绵城市施工图专项审查未通过或者达不到海绵城市技术要求的，建设主管部门暂缓核发施工许可证

续表

序号	保障措施	内容要求
8	建设管控	海绵城市建设设施应按照“先地下、后地上”的要求，科学合理统筹施工，相关分项工程施工应符合设计文件及相关规范要求，施工单位对施工质量全面负责。监理单位应全过程监督，尤其要加强生物滞留设施地下结构层、地下调蓄设施、排水管道、溢流井等隐蔽型设施的施工监理，存档隐蔽工程验收报告，作为项目竣工验收依据
9	竣工验收及交付	项目完工后，建设单位应在工程竣工验收报告中写明海绵城市相关工程措施的落实情况。工程质量检测机构在开展竣工验收时，应邀请海绵城市建设主管部门对海绵设施一并验收，对于未按施工图设计施工或功能性检测指标不符合设计要求的项目，不得通过竣工验收。海绵设施竣工验收合格后，应随主体工程一并交付使用
10	运营管理	海绵城市设施的维护管理单位应定期对设施进行监测评估，确保设施的功能正常发挥、安全运行

（资料来源：根据《珠海市金湾区海绵城市规划建设管理导则（暂行）》相关内容整理）

4.3 规范监管流程，完善海绵项目全周期服务

4.3.1 立项阶段植入海绵城市理念要求

为加快推进珠海市海绵城市建设，珠海市人民政府发布了《珠海市海绵城市建设管理办法》，明确将海绵城市建设内容纳入项目建议书、可行性研究报告阶段项目备案或审批管理，并分别对政府投资项目和社会投资项目在发改部门立项（备案）时，在提交材料中应包含的关于海绵城市建设的内容及深度等进行了规定。据此，《珠海市发展和改革局政府投资海绵城市建设项目审批内部工作流程》将海绵城市建设内容纳入项目建议书、可行性研究报告和项目概算批复阶段等项目备案或审批管理，将试点区内政府投资项目的立项审批权限下放至各试点区的发改部门。金湾区发展和改革局负责对辖区内、管理权限内的新建、改建、扩建项目在立项阶段的海绵城市建设相关事宜进行把关审核。

4.3.2 “一书两证”的规划管控

为加快推进珠海市金湾区海绵城市建设，落实金湾区海绵城市建设全域管控，响应珠海市海绵办发布的《关于明确海绵城市建设项目设计审查的函》以及珠海市发布的《关于进一步加强“一书两证”、施工图审查阶段海绵城市管控的

通知》，落实金湾区海绵城市建设专项设计审查纳入“一书两证”各阶段管控，金湾区海绵办制定《珠海市金湾区海绵城市试点建设项目暂行管理细则》（以下简称《细则》）。

《细则》规定了金湾区（红旗镇、三灶镇、航空新城）辖区内所有新建（改建、扩建）建筑与小区、工业园区、城市道路、城市绿地与广场、城市水系等项目的立项、规划选址、土地出让、建设用地规划许可、设计招标、方案设计及审查、建设工程规划许可、初步设计及审查、施工图设计及审查、建设施工许可等环节融入海绵城市建设审查管控的范围和各阶段的工作内容。

4.3.3 规范设计材料审查流程和要点

试点之初，根据市、区两级海绵办审查任务的分工，金湾区内海绵城市建设项目在金湾区海绵办审查。依据珠海市海绵办的送审流程要求，金湾区海绵办组织编制《珠海市金湾区海绵城市试点区建设项目技术送审流程（试行稿）》，规定审查范围、审查流程、材料要求、技术文件审查要求及相关报审表格。

2018年3月，珠海市海绵办发布《关于明确海绵城市建设项目设计审查的函》，明确自2018年3月1日起，试点区海绵城市建设项目设计审查由试点区海绵办委托技术服务团队负责，非试点区可通过委托或购买服务等方式聘请技术团队对本辖区内建设项目进行海绵城市技术审查。金湾区参考了国家第一批、第二批海绵城市试点城市经验以及珠海市相关要求，依据珠海市及金湾区海绵城市规划设计等相关标准规范，编制了《珠海市金湾区海绵城市专项设计文件审查导则（试行）》。该导则配合《珠海市金湾区海绵城市试点区建设项目技术送审流程（试行稿）》使用，按照海绵城市建设工程设计管理程序，分别对海绵城市建设工程各阶段设计文件的审查提出要求，包括报审资料的行政审查要点及设计方案及施工图的技术审查要点。其中，行政审查主要包括项目审查管理权限、报审要件、设计合同等是否符合相关规定；技术审查主要包括设计文件资料的完整性、强制性条款的符合性、技术路线与目标的可达性及LID设施、雨水回用、景观绿化、监测与养护等专业技术设计的参数、规模等。

4.3.4 规范施工巡查监管措施

为落实海绵城市建设理念及要求，提高施工单位的施工水平及施工质量，确保各建设项目按照海绵城市专项设计文件实施，金湾区按照珠海市海绵办发布的《珠海市海绵城市建设项目巡查要点》开展重点项目巡查工作，并对存在问题的项目出具整改通知，要求各项目限期整改。

同时，为推进各项目在施工过程中将海绵城市建设逐步转变为常态化管控及实施内容，金湾区组织编制《金湾区海绵城市建设施工专项监理要点》及《金湾区海绵城市建设施工和质量验收导则》等技术文件，用于指导监理单位、施工单位在项目施工过程中的工作，明确各单位海绵城市建设实施过程中的主要工作内容及方向，保障海绵城市建设理念的有效落实。

4.3.5 完善验收流程及技术要求

珠海市海绵办发布《珠海市海绵城市建设低影响开发雨水工程施工与验收导则（试行）》《珠海市海绵城市建设项目低影响设施验收流程及技术要点（试行）》等文件，规范建设项目海绵城市专项验收工作程序、技术要求与要点，指导各区海绵城市专项验收工作的开展。金湾区在参照执行的基础上，结合本底特征，发布《金湾区海绵城市建设施工和质量验收导则（暂行）》，补充完善了水系驳岸等类型的建设项目海绵专项验收流程及技术要求，为行政主管部门及项目建设主体等提供工作指引。

4.3.6 强化竣工项目维护管养

珠海市海绵办发布《珠海市海绵城市建设项目全过程管控工作指引》《珠海市低影响开发设施运行维护管理办法》，按照区别对待、分类指导的原则，分别对政府投资建设项目和社会投资项目的海绵设施明确管养单位，明确了维护管养的责任与要求，确保竣工项目有人管养、能正常运行、可发挥功效。对于未验收移交的完工海绵项目，列入日常巡查监管对象，督促项目建设单位加强维护管养，确保验收移交的项目外观质量与内在质量合格，为项目及时竣工验收移交创造条件。

金湾区严格执行上述统一管控流程，并配套出台了一系列规范性文件，对相关事项进一步细化、明晰，提高管控的可操作性，确保管控的力度与效果（图4-2）。

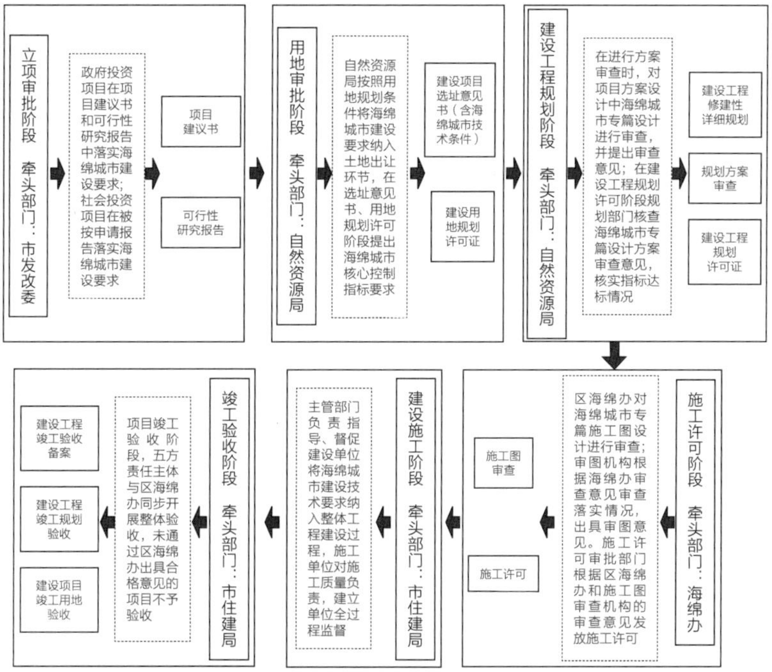

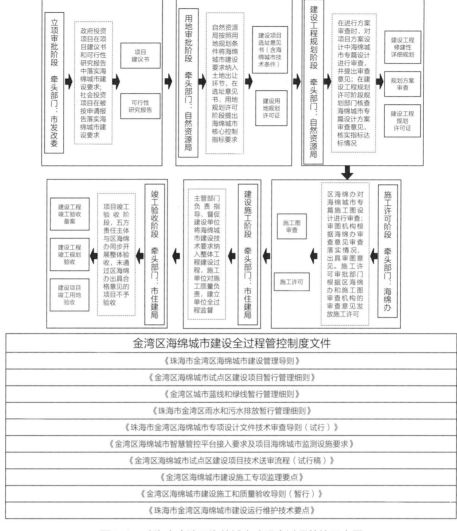

金湾区海绵城市建设全过程管控制度文件
《珠海市金湾区海绵城市建设管理导则》
《金湾区海绵城市试点区建设项目暂行管理细则》
《金湾区城市蓝线和绿线暂行管理细则》
《珠海市金湾区雨水和污水排放暂行管理细则》
《珠海市金湾区海绵城市专项设计文件技术审查导则（试行）》
《金湾区海绵城市智慧管控平台接入要求及项目海绵城市监测设施要求》
《金湾区海绵城市试点区建设项目技术送审流程（试行稿）》
《金湾区海绵城市建设施工专项监理要点》
《金湾区海绵城市建设施工和质量验收导则（暂行）》
《珠海市金湾区海绵城市建设运行维护技术要点》

图4-2 珠海市金湾区海绵城市建设全过程管控示意图

4.4 › 健全标准体系，因地制宜符合地方特征

4.4.1 技术导则——《珠海市金湾区海绵城市建设技术导则》

为细化落实国家及地方的相关规范和技术要求，推动金湾区海绵城市的科学建设，金湾区海绵办参考了第一批、第二批海绵城市试点城市经验以及珠海市相关要求，依据《珠海市海绵城市规划条件和审查要点（试行）》《珠海市海绵城市规划设计标准与导则（试行）》《珠海市海绵城市建筑规划设计细则》《珠海市房屋建筑工程低影响开发设计导则》《珠海市市政道路标准横断面规划设计导则》

（试行）、《珠海市海绵城市建设低影响开发雨水工程施工及验收导则（试行）》《珠海市海绵城市设施运行维护导则》等市级相关技术文件，结合金湾区本底特征及海绵城市试点建设实践经验，组织编制《珠海市金湾区海绵城市建设技术导则》。

技术导则包括总则、一般规定、海绵城市规划编制、工程设计流程、平面布局和竖向设计、技术措施、工程建设、运行维护、监测和控制等方面，供主管部门、建设单位、设计单位、施工单位参考使用。

4.4.2 设计审查——《珠海市金湾区海绵城市专项设计文件审查导则（试行）》

金湾区海绵办于2018年10月发布《珠海市金湾区海绵城市专项设计文件审查导则（试行）》。该导则明确了金湾区海绵办在进行海绵城市设计文件审核时，设计文件在方案设计阶段和施工图设计阶段的审核要点。方案设计阶段的主要审查内容为：方案设计文件是否完整，是否达到规定的编制深度要求；方案设计是否满足海绵城市规划控制指标；LID设施分期方案是否合理，是否与建筑工程分期方案相协调；设计是否满足国家在环境保护、建筑节能及新技术应用等方面的相关政策和要求；主要设计资料及依据是否充分、有效。施工图设计阶段的主要审查内容为：施工图设计文件是否完整，是否达到《市政公用工程设计文件编制深度规定（2013年版）》及《建筑工程设计文件编制深度规定（2016年版）》中规定的编制深度要求；施工图设计是否符合上阶段批复，如有重大变化调整，是否具有相关的论证及批准文件。通过此导则，设计单位可以更清晰地明确审查意见所表达的内涵，能更高效地衔接设计单位和审查单位之间的信息沟通，提升金湾区海绵办的服务效率。

4.4.3 施工监理——《金湾区海绵城市建设施工专项监理要点》

为推动金湾区海绵城市的科学建设，指导和规范金湾区海绵城市建设施工过程中的监理工作，金湾区海绵办制定了《金湾区海绵城市建设施工专项监理要点》。此文件按照海绵城市专项工程施工管理程序，对金湾区范围内海绵城市专项工程施工阶段的监理工作提出要求；适用于珠海市金湾区范围内新建、改建和扩建的建筑与小区、工业园区、城市道路、绿地与广场等项目的海绵城市专项工程的施工阶段；重点强调金湾区海绵城市专项工程的海绵城市建设指标、规模、平面布局、竖向设计等应严格按照批复的规划和设计文件进行控制，以及海绵城市建设项目施工现场应由专业监理人员对施工材料及施工过程进行质量控制，并严格执行质量检验制度。

4.4.4 竣工验收——《金湾区海绵城市建设施工和质量验收导则（暂行）》

为指导金湾区海绵城市建设施工及验收，完善海绵城市建设技术标准体系，金湾区海绵办以《珠海市海绵城市建设低影响开发雨水工程施工与验收导则（试行）》为基础，于2018年12月发布《金湾区海绵城市建设施工和质量验收导则（暂行）》，在珠海市通行的海绵城市建设工程施工与验收做法和要求的基础上，提出补充落实措施，进一步强化海绵城市建设工程验收工作的可操作性和可实施性，内容包括：一是明确金湾区内涉及海绵城市建设的工程项目，不得在工程整体竣工验收后进行海绵城市专项工程验收，海绵城市专项工程验收应先于工程整体竣工验收或同步进行；二是在工程整体验收前应做好验收工作组织安排，预留分项工程验收整改时间；未完成海绵城市专项建设施工或预验收整改不到位的，不得进行海绵城市专项验收；三是明确了金湾区海绵城市分项工程验收流程；四是补充了金湾区海绵城市建设项目中占比较大的水系工程质量验收要点；五是补充了金湾区海绵城市建设工程验收阶段需要提交的材料清单。

4.4.5 运行维护——《金湾区海绵城市建设运行维护技术要点（试行）》

在金湾区海绵城市建设进入攻坚时期，部分先行建设的海绵城市项目逐步完成海绵城市专项竣工验收，进入运行维护阶段，迫切需要一套标准完善的海绵城市建设运行维护要点对相关工作进行指导。金湾区海绵办以《珠海市海绵城市设施运行维护导则（试行）》为基础，结合金湾区海绵城市建设水系及驳岸工程较多的实际需求，发布《金湾区海绵城市建设运行维护技术要点（试行）》，进一步补充完善金湾区海绵城市建设项目运行维护工作的技术要点。该文件适用于珠海市金湾区范围内新建、改建和扩建的建筑与小区、工业园区、城市道路、绿地与广场、水系等项目中低影响开发设施的运行、维护和管理；重点强调了在未经主管部门允许的情况下，严禁私自拆除、改建低影响开发设施及各类可能影响低影响开发设施运行效果的行为；补充了除《珠海市海绵城市设施运行维护导则（试行）》提及的低影响开发设施运行维护技术要点之外，结合金湾区海绵城市建设水系及驳岸工程较多的实际需求，发布《金湾区海绵城市建设运行维护技术要点（试行）》，进一步补充完善金湾区海绵城市建设项目运行维护工作的技术要点，以供金湾区建设行政主管部门、各项目运行维护管理单位进行海绵城市建设项目设施运行维护时参考使用，也可供工程勘察设计单位及科研院所参考。

4.5 加强宣传引导，营造海绵共同缔造氛围

金湾区海绵城市建设，不仅是开展多项海绵城市建设工程，更是城市发展理念的转变。金湾区海绵办通过多种渠道，加强海绵城市宣传教育、响应市民诉求，保障海绵城市建设顺利落地，让老旧城区海绵城市改造增加居民获得感，让海绵城市建设通民心、顺民意。

4.5.1 小区海绵改造民心所向

作为金湾区海绵城市试点建设的基础性工程，PPP项目在老旧小区改造前，由金湾区海绵办组织在6个候选小区投放了“海绵城市改造需求调查问卷”，收回有效问卷328份，并根据调查结果及老旧小区存在的客观问题，选择东鑫花园和中保新村两个老旧小区打造海绵城市改造样板工程，建设后小区面貌焕然一新，改造取得较好的效果（图4-3）。

图4-3 中保新村改造前后对比图

（*a*）改造前路面照片1；（*b*）改造前路面照片2；（*c*）改造后路面照片1；（*d*）改造后路面照片2

（图片来源：金湾区海绵办提供现场照片）

图4-4 中心河堤岸海绵城市宣传展牌

图4-5 志愿者向居民宣传讲解海绵知识

4.5.2 海绵城市科普寓教于乐

在海绵城市理念科普宣传上，金湾区海绵办同样精心策划。除采用电视、报刊、公众号、宣传手册等途径外，更加注重体验式宣传，沉浸式科普。如在作为城市生态韧性空间的中心河堤岸生态公园内，对应海绵设施建设的具体内容，在相应位置设置了不同内容的海绵城市宣传展牌（图4-4），对项目采取的后置防洪堤、增加河道生态缓冲区、设置植物滤带等海绵城市措施的目的、技术路线等用通俗易懂的文字进行了讲解说明，不仅图文并茂，而且有实物对照，能较好地为周边居民提供海绵城市宣传教育（图4-5）。在中心河堤岸滨水生态空间内，设有中心湖补水湿地，作为航空城中心湖五大中心片区海绵城市系统化建设的重要水质净化措施，不仅净化中心河生态湿塘收集的雨水，未来还将处理净化五大中心调蓄雨水，用于回补中心湖。为了进一步强化海绵城市宣传效果，在中心湖补水湿地的净化植物选择上，精心选择了养育了历代大湾区人民的粮食作物——水稻（图4-6），不仅较好地满足了湿地净化水质的功能要求，还营造了富有地方乡土特色的农业景观，让城市居民有机会体验水稻收割的乐趣，使金湾区成为特色鲜明的海绵城市科普教育基地。

图4-6 中心湖人工湿地水稻

4.5.3 社会机构积极参与共建

海绵城市试点启动以来，不仅吸引了为数众多的勘察、设计、施工、监理等企业或机构直接参与到海绵城市建设工作中来，在服务海绵城市建设中实现自身发展，还为区域经济社会发展提供了新的商机，注入了新的动力。试点期间，为海绵城市建设提供服务、产品、材料的新企业不断出现（表4-3），并成功申报了一批专利技术（表4-4），为海绵城市建设试点提供了有力支持，促进了当地居民的就业，增加了地方财政收入，为财政支持海绵城市建设积蓄了后劲。

珠海市金湾区海绵城市孵化企业情况表 表4-3

序号	企业名称	海绵城市经营范围	注册资本	投产时间	预期前景规模
1	珠海市荣立新型建材有限公司	荷兰砖、透水砖；植草砖、排水路缘石	1500万元	2017年	可年产80万m^2标准景观路面砖产品
2	珠海市金宜生态发展有限公司	珠海市西部中心城区海绵城市试点区	10000万元	2017年	—
3	珠海市金湾区建金生态城市建设有限公司	城市基础设施建设、建设项目投资、建设、勘察、设计、工程项目总承包；项目建设管理、运营及养护管理，公共服务咨询	51216万元	2019年	—

珠海市金湾区海绵城市专利注册情况表 表4-4

序号	专利名称	专利号/申请号	专利类型
1	一种围堰堆砌机	Zl 2018 2 0738421.8	实用新型/授权
2	一种围堰铺地机	Zl 2018 2 0738364.3	实用新型/授权
3	水工护坡挡墙复式结构	Zl 2018 2 1386816.2	实用新型/授权
4	停车坪透水砖	Zl 2018 2 1385947.9	实用新型/授权
5	呼吸道路砖	Zl 2018 2 1384726.X	实用新型/授权
6	自循环透水草坪砖	Zl 2018 2 1384705.8	实用新型/授权
7	一种缝隙透水+自透水混凝土路面砖	Zl 2015 2 1024963.1	实用新型/授权
8	一种具有横向透水孔洞的混凝土路面砖	Zl 2015 2 1024967.X	实用新型/授权
9	一种二维定位锁止的缝隙透水+自透水混凝土路面砖	Zl 2016 2 1417249.3	实用新型/授权

续表

序号	专利名称	专利号/申请号	专利类型
10	混凝土制品成型砖专用面料布料装置	Zl 2017 2 1359333.9	实用新型/授权
11	一种砖坯码垛装置	Zl 2015 2 0268564.3	实用新型/授权
12	一种挡土墙及其砌砖	Zl 2015 2 0735179.5	实用新型/授权
13	带有过滤孔腔和透水管道的透水路缘石	Zl 2015 2 0949166.8	实用新型/授权
14	具有导流孔的互锁式生态透水混凝土路面砖	Zl 2015 2 1024978.8	实用新型/授权

4.5.4 媒体宣传推广金湾海绵城市品牌

金湾区持续推进海绵城市建设，致力于打造海绵城市精品工程，相继建设了中心河湿地公园、金山公园、白藤山公园、机场东路、实验中学等典型项目，多家媒体对典型项目相继采访。结合媒体报道，金湾区对海绵城市建设理念及成效进行了大力宣传，起到了良好的推广和普及作用，进一步提升居民的获得感和满足感。

如珠海市电视台、珠海·金湾等媒体对金湾区海绵城市建设样板项目机场东路、金山公园、珠海实验中学等进行了专题报道（图4-7）。

图4-7 珠海新闻、珠海·金湾报道金湾区海绵城市建设样板项目截图

金湾区海绵办为宣传海绵城市建设成果，组织制作了系统展板、宣传手册、宣传折页等，内容包括金湾区海绵城市本底情况、建设理念、建设进度、迎检项目概况等内容（图4-8）。系统展板、宣传手册及宣传折页在金湾区日常海绵城市宣传活动及对外交流活动中均起到了良好的宣传作用，成为金湾区海绵城市建设的亮点之一（图4-9、图4-10）。

图4-8　金湾区海绵城市建设宣传折页

（图片来源：根据金湾区海绵办提供资料自制）

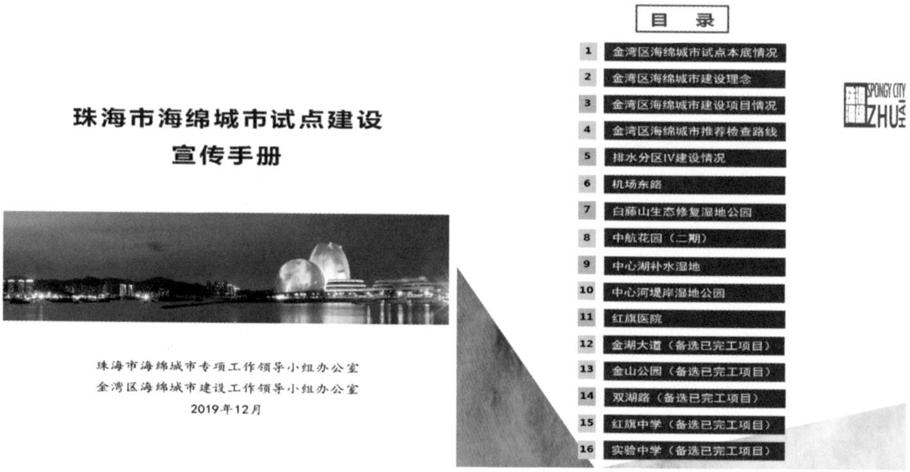

图4-9　金湾区海绵城市试点建设宣传手册（部分）

（图片来源：根据金湾区海绵办提供资料自制）

图4-10 金湾区海绵城市建设系统展板

（图片来源：根据金湾区海绵办提供资料自制）

4.6 强化资金保障，助力全域海绵城市建设

金湾区海绵城市试点建设，通过多种渠道组织海绵城市建设要素和资源，发挥政府和企业的各自优势，减轻政府的财政与行政负担，加快建设进度。试点期间共完成海绵城市建设专项投资约20亿元，资金来源包括中央专项补助资金4.8亿元、地方财政配资金10.4亿元以及社会资本（包括PPP项目）4.8亿元等（图4-11），凝聚了多方建设力量，形成了全社会共同参与海绵城市建设的局面。

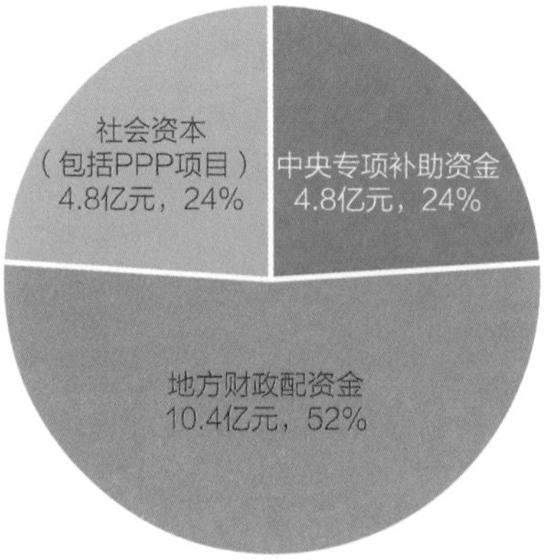

图4-11 金湾区海绵城市试点项目建设资金构成

4.6.1 使用中央专项资金模式

按照海绵城市建设要求，中央专项资金必须用于国家级海绵城市建设试点区内、必须用于建设项目内的海绵设施、必须在试点期内完成支付使用。金湾区海绵办积极梳理项目，统筹相关建设责任单位，包括金湾区住房和城乡建设局、金湾区建设管理中心、红旗镇镇政府、三灶镇镇政府等，对老旧地块海绵城市改造、市政道路、公共建筑、公园绿地、市政管网、河道水系连通及综合整治等符合中央财政专项资金支付条件的项目进行梳理汇总，召开专题会议、制定支付流程。金湾区海绵办负责综合协调、管理、监督，充分发挥中央专项资金的引领带动作用。

4.6.2 政府直接投资模式

政府投资项目实行代建制，由政府部门监督代建单位在项目管理过程中是否

合法合规。金湾区每年安排区财政资金进行基础公用设施建设和更新工作，主要涵盖全区的市政道路、公园绿地、河湖水系、管网厂站等。政府投资项目均严格落实海绵城市建设指标，除中央财政专项资金以外，地方财政资金的直接投入，保障了项目的进度资金，有力保证了海绵城市建设连片示范效应。

4.6.3 PPP模式

PPP项目合作范围为项目投资建设和运营，需要引入社会资本，同时也需要社会资本负责项目运营。金湾区海绵城市建设PPP项目引进社会资本成立项目公司，由项目公司统筹负责本PPP项目融资、设计、建设、运营维护职能；同时，本PPP项目在项目公司成立前由政府负责可研、初步设计等工作，项目公司成立后负责施工图设计、投融资、建设和运营工作。

4.6.4 土地一级开发模式

金湾区范围内的珠海西部中心城土地一级开发项目于2012年启动。其中，西部中心城区B片区、C片区均为独立汇水分区，分别由独立的代建单位实施，B片区大部分区域、C片区全部位于金湾区海绵城市试点范围内，因此海绵城市建设的代建单位统一、明确，建设力度较大，而且市政基础设施建设项目较多，海绵城市建设具有工程大型化、系统化的特点。

4.6.5 政府引导社会资本参与模式

根据《珠海市金湾区海绵城市建设管理导则（暂行版）》，第五条“建设要求”提出“金湾区（红旗镇、三灶镇、航空新城）所有新建（改建、扩建）建筑与小区、工业园区、城市道路、城市绿地与广场、城市水系等项目应按海绵城市相关要求进行建设，海绵城市设施与建设项目主体工程同步规划设计，同步施工，同步验收，同步移交运营”，以及第六条“适用范围”提出“金湾区（红旗镇、三灶镇、航空新城）所有新建（改建、扩建）建筑与小区、工业园区、城市道路、城市绿地与广场、城市水系等项目的立项、规划选址、土地出让、建设用地规划许可、设计招标、方案设计及审查、建设工程规划许可、初步设计及审查、施工图设计及审查、建设施工许可、竣工验收、移交管理、运行维护等环节，适用本导则”，即自《珠海市金湾区海绵城市建设管理导则（暂行版）》发布之日起，金湾区建设阶段适宜的社会投资项目均应实施海绵城市建设，由金湾区海绵办提供海绵城市管控指标的管理模式，转变为金湾区全域、全流程海绵城市管控，所有适用范围内的建设项目，包括社会投资项目，均必须落实海绵城市规划管控指标。

4.7 构架监控平台，探索海绵城市智慧管理

由于金湾区实施了海绵城市建设PPP项目，因此必须建设一套海绵城市监控平台，以便对PPP项目实施绩效评价。金湾海绵城市监控平台遵循微服务系统设计理念，采用B/S（浏览器/服务器）体系+M/S（移动设备/服务器）体系架构模式，确保客户端不仅可通过传统PC显示器、大屏幕（图4−12）等进行浏览、操作，还可通过手机等移动设备实现实时掌握信息、下达指令等常规操作。系统设计充分考虑业务与功能的紧密结合，将系统总体结构分为基础设施层、感知层、数据层、应用层、交互层以及展示层。监控平台主要满足的功能需求如下文所述。

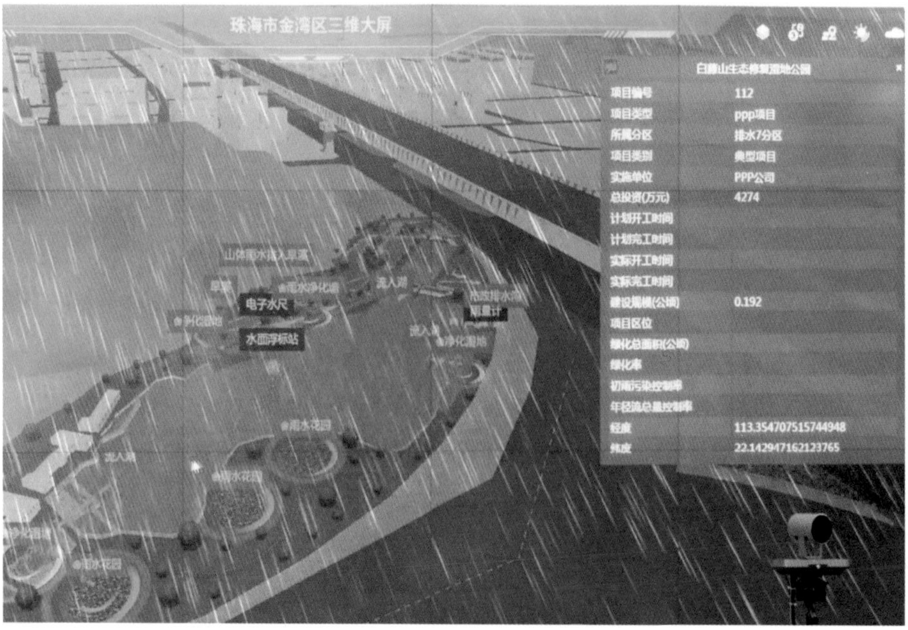

图4−12　金湾区海绵城市监控平台大屏幕实景

（图片来源：根据金湾区海绵办提供资料自制）

4.7.1 为海绵城市规划设计提供数据支撑

通过在金湾海绵城市试点区实施不同类型的监测布点，并连续进行监测跟踪、数据采集、分析评估，可累积大量运营维护基础数据。通过基础数据分析，可对城市雨洪模型进行本地化参数确定及校核，相关的参数也作为金湾区海绵城市策划、规划、设计等决策的参考与依据，为海绵城市建设全寿命周期管理提供准确、精细、全面的信息化支持。

4.7.2 为海绵设施运行管控提供基础支撑

随着金湾海绵城市建设的不断开展、海绵城市相关设施监管要求的不断提升，需要对建设过程进行管控，对各种设备进行管控（包括设备、工单、巡检），对“渗、滞、蓄、净、用、排”等海绵设施运行结果进行计算，对水质、水量等指标在线监测，通过实时计算，动态监测海绵城市运营状态。同时由于海绵城市建设涉及的项目数量多，且分属不同的职能部门管控，在海绵城市建设过程中，需要采取一定的管控手段，对金湾海绵城市建设过程实行统一化、标准化的全生命周期管理。

4.7.3 为后期PPP绩效考核提供评估依据

珠海市金湾区1号主排河汇水分区采用PPP打包模式进行海绵城市的建设和运营。该模式的应用缓解了政府的财政压力，融入了民营企业和社会资本。2017年11月16日，财政部发布《关于规范政府和社会资本合作（PPP）综合信息平台项目库管理通知》，对PPP项目的管理提出了更高也更为明确的要求，未建立按效付费机制的项目不得进入项目库。

为落实PPP项目按效付费机制，需根据PPP项目绩效考核要求，分门别类建立完善的监测网络，对各项考核指标建立完善的、相互对应的监测及评价方法体系，同时预留PPP考核条款修订或监测指标动态调整的弹性。

4.7.4 量化评估海绵城市的建设运营效果

金湾区海绵城市建设工程陆续开展，如何量化评估海绵措施的建设效果，保障海绵城市规划目标的实现，是金湾区海绵城市建设亟需解决的问题，金湾区海绵城市建设应以效果和目标为导向，利用4G、无线视频以及物联网技术，支持Andorid移动终端，以数据为资产，以智能化、数字化、信息化、自动化为手段，建立即时化、可评估、会决策、能追溯、多端口、可遥控的海绵城市全过程管控平台和考核评估体系。

围绕国家海绵城市建设试点的绩效考核目标与指标，提出了关于海绵城市建设的绩效评级与考核的基本内容、考核方式，通过物联网、云计算、大数据等信息技术实时监测区域水质、流量、积水情况等信息，统计年径流总量控制情况、雨水管网排水能力、内涝情况、面源污染控制等情况，并结合模型进行水质水量模拟，通过实测降雨、流量、水质等实时数据构建参数反演模型，进而获得海绵城市的海绵参数，进一步管控雨水管网系统，为城市内涝与非点源污染的预测预报提供依据。

4.7.5 为海绵城市数据交换提供共享途径

通过对各相关业务数据的集中与标准化管理，规范数据的采集、上报流程，共享统一、唯一的数据环境，提高数据的利用价值，实现监管信息公开发布，行业专家诊断咨询，支持多层级的绩效评估体系，逐步构建一体化监管系统，形成以指标体系为核心的新型监管模式。

综上，在海绵城市的建设及运行管理中，需对海绵城市各部门在不同阶段的业务流程与工作内容进行梳理并进行标准化、模块化，对海绵城市管理中的信息流、工作流、业务流关系进行剖析，对海绵城市各应用子系统、子模块的指令关系、执行关系、协同关系进行规划，结合物联网、大数据、云计算等新一代信息技术，实现海绵城市从规划建设到运行维护的全生命周期管理。

第5章

珠海金湾试点区建设成效与典型建成区案例

5.1 › 试点区建设成效概述

金湾区结合辖区现状的内涝区域分布、城建现状和开发计划，在海绵城市建设试点区范围内，全力推进82项海绵城市建设相关工程（PPP子项合并为按排水分区划分的3个项目包）。除个别项目受征地拆迁等原因制约外，其余建设项目均已完工正常发挥功效。这些完工项目在相应排水分区起构建起从源头减排—过程控制—系统治理的全流程雨水管理体系，发挥了海绵城市建设的连片效应与系统化效应，试点区内实现了“小雨不积水，大雨不内涝，水体不黑臭”的海绵城市建设目标。

2019年12月，住房和城乡建设部、财政部、水利部委派专家组赴珠海市对国家第二批海绵城市试点进行终期绩效考核，专家组对金湾区监控平台、机场东路、白藤山生态修复湿地公园、中航花园（二期）、金山公园、中心河堤岸湿地公园、红旗医院7个项目进行现场查验复核，项目建设效果得到专家组的认可。

5.1.1 全域推进海绵城市建设

“十三五”期间，金湾区完成海绵城市建设试点工作，构建了较为完善的顶层设计，建立了较为健全的机制体制，严把项目设计、施工、竣工验收质量关，基本实现了全域、全流程管控，形成了海绵城市项目储备一批、开工一批、完成一批的滚动推进局面（图5-1），探索出了适合金湾区联围感潮河网地区海绵城市的建设模式。“十四五”以来，海绵城市建设全面转入系统化全域推进时期。金湾区的试点区随着越来越多的项目建成发挥效用，海绵城市试点的系统性效果将得到有效巩固，连片效应将更加明显。试点区外的全部新建、改建、扩建设项目均承担相应海绵城市建设指标（图5-2），并将全面推广试点取得的经验与成功做法，在更高标准、更高水平上推进海绵城市建设，确保能较好达到国家部委对于“系统化全域推进海绵城市建设示范城市”的目标要求，为建设安全环保、生态文明、蓝绿交融、宜居宜业的新城市创造条件、奠定基础。

5.1.2 全生命周期融入海绵理念

金湾区的海绵城市建设管理机制体制进一步健全，顶层设计基本完善，整个社会对于海绵城市建设的认识越来越统一，越来越深刻。践行海绵城市建设规范标准、技术要求，成为勘察设计、建设施工、质检监理、运营维护等相关单位的

图5-1 金湾区海绵城市建设时序图

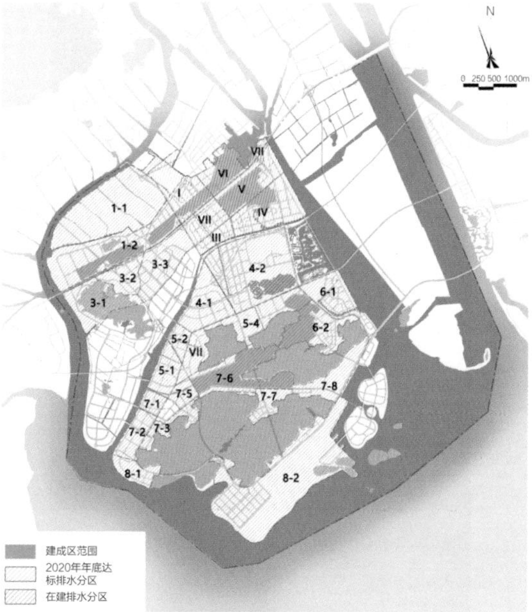

图5-2 金湾区达标和在建排水分区分布图

基本技能与工作习惯，海绵城市设计完美融入景观绿化、公园广场、排水防涝、建筑小区、河湖水系等专业项目设计中，助推项目实现功能提升、景观美化、生态优化，总体提高项目的经济效益、环境效益与社会效益。海绵城市监督管理与服务支撑功能成为政府相关部门的常规职能，在城市防汛抗洪设施完善、公园绿地建设、黑臭水体治理、老旧小区综合整治等项目实施过程中，海绵城市建设的理念、指标与要求完整地融入每一个项目的策划规划、建设实施、验收移交、维护管养的全生命周期，成为项目的有机组成部分。随着城市规划建设进程的推进，海绵城市项目不断竣工投入使用，整个城区将成为一块越来越大的“大海绵”，全域实现“小雨不湿鞋、中雨不积水、大雨不内涝”的目标。

5.1.3 自然生态管控格局基本建成

根据财政部批复的指标要求及《珠海市西部中心城区海绵城市试点区（金湾区）建设系统方案》，金湾区海绵城市建设试点区年径流总量控制率目标为70%，对应设计降雨量为28.5mm。

金湾区采用了Infoworks ICM模型对试点区进行年径流总量控制率模拟分析，建立目前建设进展中及试点建设完成后的模型，并且对该模型进行参数标定，模拟试点区的降雨径流过程。根据模型评估的结果，金湾区试点区总体年径

图5-3　2016年金湾区卫星遥感图

（图片来源：根据金湾区自然资源局提供卫星遥感数据编制）

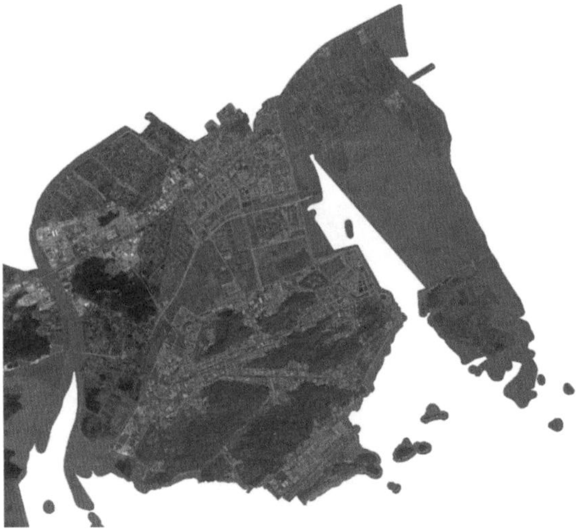

图5-4　2020年金湾区卫星遥感图

（图片来源：根据金湾区自然资源局提供卫星遥感数据编制）

流总量控制率可达到73.64%。

根据2016年（图5-3）和2020年的卫星遥感图（图5-4），统计金湾区行政辖区内河流、坑塘、沟渠等水面面积。经对比分析，2016年金湾区天然水域面积为21.69km^2，其中湖泊水库面积为8.40km^2，河涌和排洪渠面积为13.29km^2。2020年天然水域面积未减少。

5.1.4　水环境明显改善

金湾区辖区内各河道结合其本底实际情况及特点，在海绵城市建设过程中对症下药，通过量身定做“一河一策”，综合采取控源截污、清淤疏浚、绿植栽种、引水复流等工程措施与生态措施进行整治，有针对性地进行水环境系统治理，海绵城市建设后水质均得到不同程度的改善。三灶镇北排河和南排河原为两条黑臭水体（图5-5），在水环境整治过程中开展污染源治理、生态修复等措施进行系统化整治。自2019年2月，南排河、北排河黑臭水体整治工程完工以来，各监测点水质良好、稳定达标，全段未出现黑臭现象，水质改善明显，已达到“初见成效、不黑不臭”的效果（图5-6、图5-7）。

红旗河是金湾区另一主要河道，始于广生水闸，终点由青湾水闸排入中心河，总长约8km。在河道治理过程中，通过海绵城市建设对服务范围内的源头地块产生的面源污染进行控制，并结合红旗镇老城区的雨污分流改造，杜绝污水直

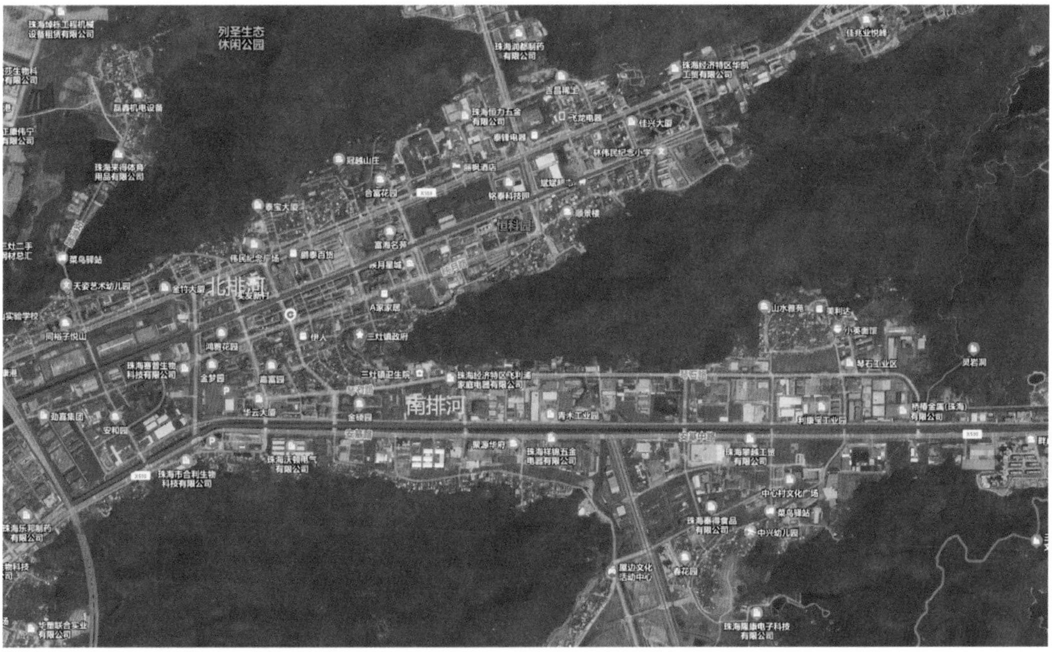

图5-5　金湾区南排河、北排河区位图

图5-6　金湾区三灶镇南排河整治完成后现场照片

图5-7 金湾区三灶镇北排河整治完成后现场照片

图5-8 红旗河整治后现场照片

排现象。同时，对河道底泥进行清淤，并对堤岸进行生态化改造，提升水体环境容量，恢复其自净能力。通过一系列措施，红旗河河道水质由建设前的劣Ⅴ类提升至Ⅳ类水，提升了居民的获得感及幸福感（图5-8）。

5.1.5 水资源有效利用

目前，金湾区的雨水资源利用方式主要有建筑小区内绿化浇灌及道路冲洗、景观水体补水及河道生态补水三部分。各项目积极落实海绵城市理念的过程中，通过雨水回用设施、生态湿塘、补水湿地等多种途径，在控制径流总量、削减峰值流量的同时，有效蓄积及利用雨水资源。如爱普科斯凤凰、机场东路、华发商都等项目设置雨水调蓄及回用设施（图5-9），将雨水收集净化后用于冲厕、绿化浇灌及道路冲洗，年雨水利用量超过5万m^3。

珠海城市职业技术学院、珠海市实验中学、白藤山生态修复湿地公园等项目利用景观湖体作为调蓄湿塘，采用前置塘、人工湿地净化后作为景观水体补水水源；中心河滨水湿地公园、中心湖等项目设置调蓄湿塘，作为片区雨水调蓄空间，并在旱季将湿塘水经人工湿地净化后作为河湖补水水源，保障水系生态基流（图5-10）。

（*a*）（*b*）

图5-9 爱普科斯凤凰、机场东路项目雨水回用设施实景图

（*a*）爱普科斯凤凰项目设备图；（*b*）机场东路项目设备图

（图片来源：根据金湾区海绵办提供照片整理）

（*a*）（*b*）

图5-10 中心河调蓄湿塘及中心湖补水湿地实景图

（*a*）中心河滨水湿地公园图；（*b*）中心湖补水湿地图

（图片来源：根据金湾区海绵办提供照片整理）

5.1.6　内涝点基本消除

金湾区试点区原有4个水浸点，分别位于藤山一路、藤山二路、广安路及机场东路八达加油站，均位于已建成区域（图5-11～图5-15）。在试点建设过程中，金湾区组织对各水浸点的成因进行全面梳理及分析，并通过源头减排、过程控制及系统治理的建设思路，安排各类项目进行海绵化改造。通过各项目工程措施及采取临时措施，在2019年全年未发生水浸问题，海绵城市建设完成后积水点基本得到消除。

（a）　　（b）

图5-11　红旗中学、红旗医院改造完成

（a）透水铺装实景图；（b）雨水花园实景图

（a）　　（b）

图5-12　红旗镇污水管网于2019年11月完工

（a）红旗镇污水管网支护与管道敷设；（b）红旗镇污水管网路面恢复

（*a*）　　（*b*）

图5-13　广安路周边东鑫花园、中保新村改造完成

（*a*）东鑫花园透水铺装；（*b*）中保新村透水铺装

图5-14　广安路改造完成

图5-15　机场东路东侧排洪渠改造完成

（*a*）　　　　　　　　　　　　　　（*b*）

图5-16　珠海市实验中学改造前后照片

（*a*）改造前内涝积水实景图；（*b*）改造后实景图

除此之外，通过金湾区海绵城市建设，试点区内整体水安全问题得到极大改善，获得了新闻媒体和社会公众的认可与称赞。如珠海市实验中学海绵改造工程（图5-16），通过将校园升旗广场改为透水混凝土路面，结合景观湖的调蓄功能，解决了长久以来的暴雨期间广场积水问题，在2019年高考期间，顺利保障雨期全校师生的出行安全，得到了全校师生的肯定。珠海新闻、珠海·金湾等新闻媒体相继进行了相关报道。

5.2 › 典型片区及样板工程一：PPP项目

为更好地落实海绵城市建设任务，金湾区海绵试点区采用PPP建设模式，即对纯公益、非经营性项目，采用政府与社会资本合作，通过社会资本投资、政府购买服务的方式进行项目建设。

珠海市西部中心城区海绵城市试点PPP项目（金湾区）（以下简称PPP项目）范围主要包括1号主排河汇水分区（新建城区），幸福河汇水分区金湾区部分（老城区），汇水面积约820hm^2，建设内容包括20多个子项，项目内容包括海绵型建筑与小区、海绵型道路与广场、海绵型公园与绿地、过程控制工程、区域防洪排涝工程、系统治理工程等（图5-17）。

根据珠海市西部中心城区的现有状况，结合对PPP项目海绵城市建设区的分析，得出PPP项目范围内的“4321”海绵型技术措施，即“4级保障，3级处理，2级控制，1级回用”。

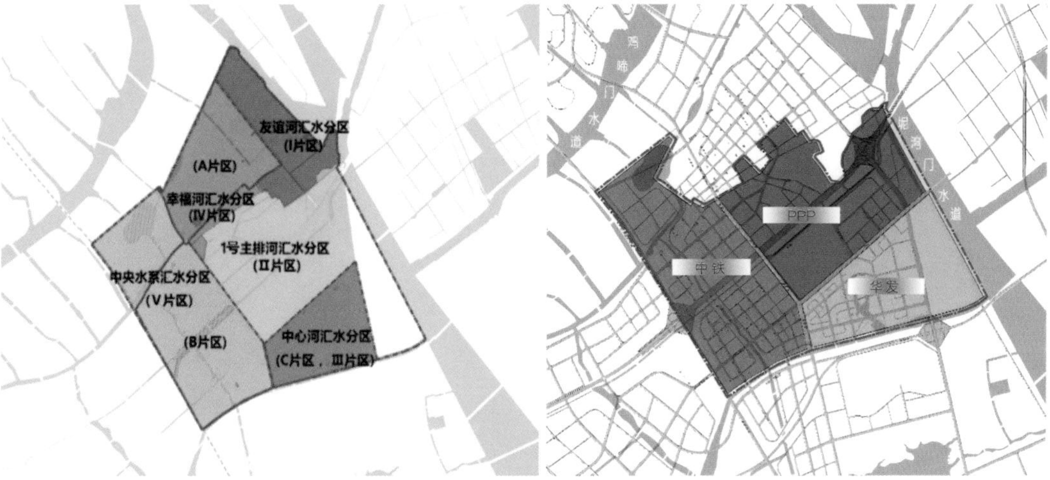

图5-17　金湾区海绵城市建设试点区汇水分区划分图

（图片来源：摘自《珠海市西部中心城区海绵城市试点区（金湾区）建设系统方案》）

1. 水安全——4级保障

即在各公建、小区、道路、公园及绿地内设置LID设施，通过蓄、滞等措施中的蓄水功能，进行源头减排，控制雨水径流量，削减径流峰值，为水安全提供第一级保障；采用远近结合、自排与强排结合的方式，确定海绵城市PPP项目建设经济合理的排水管（渠）的建设方式，提升管道的排水能力，为水安全提供第二级保障；对1号主排河的调蓄功能进行完善，打造为容纳雨水的天然大水池，汛期通过提前降低河道水位、腾空河道容积储存雨水，缓解城市内涝，为水安全提供第三级保障；设置排涝泵站及闸门，确保雨潮遭遇时内河到外河的排涝顺畅，并防止海水沿河道倒灌，为水安全提供第四级保障。

2. 水环境——3级处理

即通过小区、道路、公园等源头LID设施对雨水进行净化，将雨水中所含的污染物滞留在绿色海绵设施中进行处理，实现对雨水中污染物的一级处理；对于老城区的合流制排水管网，通过对初雨的分离、收集与调蓄，减少面源污染物流入自然水体中，实现对雨水的二级处理；通过人工或天然湿地对水体的净化及生态河道对河水中污染物的自然降解实现对雨水的三级处理，达到地表水环境功能区划的目标。

3. 水生态——2级控制

即源头低影响开发设施和系统治理与生态岸线恢复2级。在《珠海市西部中心城区海绵城市示范区建设规划》对各片区的径流控制率分布规划的基础上，结合现场调研及地块建设的实际情况，重新分布各地块、各片区的径流控制率。优先在源头最大限度地设置调蓄容积，末端调蓄的设置主要用于满足控制率目标而补充的调蓄量。

4. 水资源——1级回用

即经人工湿地处理后的水作为绿地浇灌、水体景观营造等回用。

通过上述“4321”海绵型技术措施，达到PPP项目在水安全、水生态、水环境、水资源四方面的指标要求。

5.2.1 海绵型公建与小区——源头减排

1. 东鑫花园海绵改造工程

东鑫花园位于金湾区红旗镇老城区，为海绵小区改造项目，由于该项目改造前无物业管理，导致小区环境恶劣，小区内杂草丛生，车辆乱停，污水管道堵塞导致污水横流；同时，由于该区域地质条件差，小区内地面沉降，导致出户排水管断裂，污水、废水直接排入建筑周边。本项目结合小区现状条件，在解决小区雨污分流、地面沉降的基础上，结合周边绿地，设置雨水花园、植草沟等海绵设施，收集屋面、地面雨水，对雨水进行调蓄、净化，同时对景观进行提升，改善小区生活品质。

（1）项目区位

项目位于广东省珠海市西部中心城海绵城市试点区1号主排河排水分区（Ⅱ-4），骐安路以东，金湾区人民法院以西，广安路以南，文华路以北，场地内部包含9栋建筑，占地面积8739.64m^2（图5-18）。

图5-18 东鑫花园区位图

（2）存在的问题

综合场地分析和现状踏勘，东鑫花园的海绵化改造以问题和目标为导向，解决积水点、景观提升等问题，同时满足控制率达标。

1）雨期小区内部污水外溢严重，径流污染较大；

2）小区内部内涝情况较为严重，现状雨污混流管道堵塞严重；

3）部分建筑雨落管位于建筑外侧，且周边有可改造的绿化带（图5-19）；

4）场地沉降大，建筑周边绿地比建筑低40 ~ 50cm（图5-20）；

5）现状绿化匮乏，海绵设施的设计可结合小区绿化景观整体考虑（图5-21）。

（3）主要建设内容

新建污水管网及化粪池，保障排水通畅；新建雨水管网，达到3年一遇排水标准；雨污混接点改造，保障雨水排水口旱季无污水出流；调整地面标高，修复破损地面，将地面改为透水沥青路面等措施，消除原积水点；结合道路改造，新增停车位；对屋面雨水立管进行断接，采用雨水花园、植草沟、透水铺装等源头LID设施，将屋面、路面雨水引入海绵设施消纳，达到海绵城市建设径流总量控制和径流污染控制的目标要求；结合LID设施布置，改造建筑周边绿地，丰富景观效果。

（4）海绵城市建设指标

1）年径流总量控制率不低于70%；

2）年径流污染控制率（以TSS计）不低于50%；

（*a*）

（*b*）

图5-19 东鑫花园改造前建筑雨落管

（*a*）雨落管未断接且雨污混流；（*b*）雨落管损坏且散排

图5-20 东鑫花园改造前活动广场铺装损坏、沉降严重

图5-21　东鑫花园改造前绿化脏乱差

3）结合海绵城市改造，提升项目排水能力，达到3年一遇排水标准；

4）解决现状小区沉降及积水问题；

5）通过海绵城市改造，改善小区环境，提升景观效果。

（5）建设方案

东鑫花园海绵城市建设内容主要有屋面雨水断接、雨水花园、透水铺装改造、生态停车位等设施，海绵城市设施布局主要考虑以下原则：

1）建筑为雨污合流，需对雨落管做雨污分流改造。

2）建筑雨落管断接，再经植草沟排入雨水花园。

3）建筑雨落管旁边无绿地的，通过排水边沟收集，再排入雨水花园。

4）结合竖向高程，将道路、广场雨水通过开孔侧石和植草沟引入雨水花园。

5）将现有的破损嵌草砖或人行道砖停车位改造为透水混凝土停车位，破损严重路面改造为透水铺装。

海绵设施总体布局如图5-22所示，东鑫花园景观分析如图5-23所示。

（6）指标核算

1）总径流量

项目年径流总量控制率不低于70%，对应设计降雨量为28.50mm，综合径流系数为0.58，总汇水面积为7607m^2，计算如表5-1所示。

总径流量计算表　　表5-1

序号	下垫面类型	单位	数量	雨量径流系数
1	道路及铺装	m^2	2600	0.4
2	建筑屋面	m^2	3400	0.9
3	生态停车场	m^2	307	0.4
4	绿地	m^2	1300	0.15
计算综合雨量径流系数				0.58
年径流总量控制率				70%
总径流量				125.91m^3

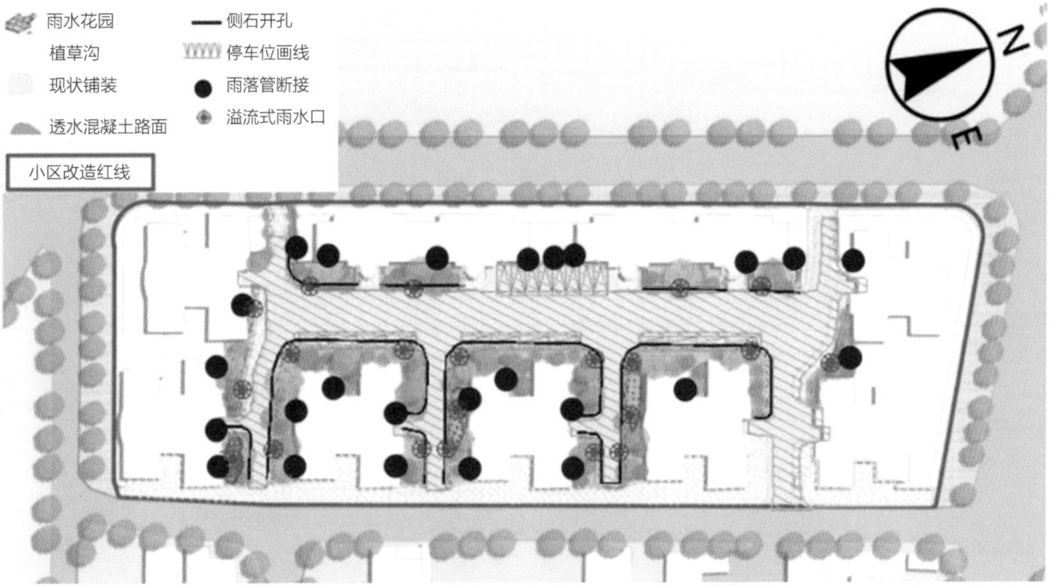

图5-22 东鑫花园海绵设施总体布局图

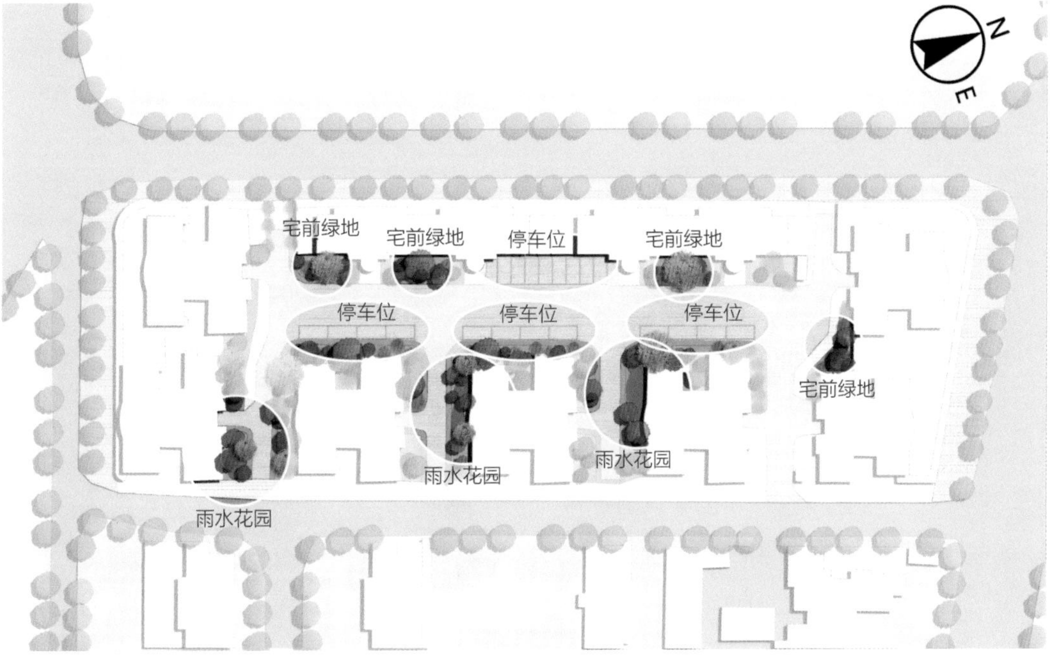

图5-23 东鑫花园景观分析图

2）设施调蓄量

通过海绵城市改造，项目低影响开发设施总调蓄量可达到85.45m^3，剩余雨水由市政管网末端湿地进行调蓄，计算如表5-2所示。

项目海绵设施调蓄总量计算表　表5-2

序号	LID设施	单位	数量	设施调蓄量（m^3）
1	雨水花园	m^2	99.17	25.87
2	生态停车场	m^2	307	—
3	透水道路（铺装）	m^2	2600	—
4	滞蓄型植草沟	m^2	390.1	59.58
5	市政管网末端湿地	—	—	40.46
海绵设施调蓄总量合计				125.9

3）径流污染控制率

通过海绵城市改造，项目年径流污染去除率可达到56.25%，计算如表5-3所示。

项目年径流污染控制率核算表　表5-3

序号	LID 设施	设施控制量（m^3）	污染物去除率
1	雨水花园	25.87	75%
2	生态停车场	—	80%
3	透水道路（铺装）	—	80%
4	滞蓄型植草沟	59.58	75%
5	市政管网末端湿地	40.46	75%
年径流总量控制率			75%
年径流污染控制率			56.25%

（7）建设效果

小区海绵化改造已经完成，原有的雨污混流、室外地坪不均匀沉降、内涝积水严重、环境脏乱差等问题全部得到解决，小区面貌焕然一新，效果显著（图5-24），社区居民的生活条件得到明显提升。

2. 红旗医院海绵改造工程

红旗医院位于金湾区红旗镇，为公建医院改造项目。本项目充分利用现有绿地改造建设下沉式绿地、雨水花园等调蓄雨水；项目块内道路路面有条件的情况下宜改造使用透水混凝土、透水砖等透水铺装，增加雨水的源头渗透减排。道路超渗雨水优先通过道路横坡坡向优化、路缘石改造等方式引入周边的绿地空

图5-24　东鑫花园改造后实景图

间进行调蓄、净化、渗透，对于较大坡度道路转输处宜建生物滞留设施。对于空间不足且具有竖向优势条件的区域，道路雨水可通过植草沟、雨水管道等传输方式集中引入周边集中绿地内建设的雨水花园进行净化回用，并设置溢流口与市政管线连通。

（1）设计范围

红旗医院位于红旗镇城区，北邻藤山一路、南靠白藤山、东接鸿泰、海半山小区，占地面积13399.3m^2（图5-25）。

（2）现状问题

1）污水管网老化、淤塞严重（已服务超过40年），且排水能力不足；

2）雨水管网老化，且存在雨污混接点；

3）山体排洪沟排水能力不足，旧病房后排洪沟和精神科侧边排洪沟存在倒灌现象；

4）雨天旧病房中庭区域因地面沉降存在积水现象；

5）停车位不足；

6）景观结构单一，病人缺少休闲空间。

（3）主要设计内容

1）新建污水管网及化粪池，保障排水通畅；

2）新建雨水管网，达到3年一遇排水标准；雨污混接点改造，保障雨水排水口旱季无污水出流；

3）改造排洪渠断面，保证排水安全；

4）在旧病房积水区域，通过设置线性排水沟将雨水引入雨水花园、地面改

图5-25 红旗医院区位图

为透水沥青路面等措施，消除原积水点；

5）采用雨水花园、植草沟、透水铺装等源头LID设施，达到海绵城市建设径流总量控制和径流污染控制的目标要求；

6）结合道路改造，新增停车位；

7）结合LID设施布置，改造户外疗养区，丰富景观效果。

（4）海绵城市建设指标

以问题为导向，解决场地内存在的雨污混接及管网老化淤堵、局部积水等问题。

1）年径流总量控制率不低于70%；

2）年径流污染控制率（以TSS计）不低于50%；

3）排水标准不低于3年一遇；

4）内涝防治标准不低于30年一遇。

（5）指标核算

1）总径流量

项目年径流总量控制率不低于70%，对应设计降雨量为28.50mm，现状原始外排综合径流系数通过海绵城市改造由0.78降至0.54，总汇水面积为13399.3m^2，设计总径流量为208m^3，计算如表5-4所示。

2）年径流总量控制率达标核算

通过海绵城市改造，项目低影响开发设施雨水径流控制量可达到215.3m^3，大于设计总径流量208m³，满足海绵城市建设年径流总量控制率不低于70%的指标要求，计算如表5-5所示。

总径流量计算表 表5-4

序号	下垫面类型	单位	数量	雨量径流系数
1	雨水花园	m^2	323.2	0.15
2	滞蓄型植草沟	m^2	253.9	0.15
3	建筑屋面	m^2	3552.8	0.9
4	硬质路面	m^2	1438.2	0.9
5	透水沥青路面	m^2	4352.7	0.4
6	透水铺装广场	m^2	102.8	0.4
7	彩色透水沥青停车场	m^2	1723.3	0.4
8	绿地	m^2	1652.5	0.15
9	地下调蓄池	座	1	—
综合雨量径流系数				0.54
年径流总量控制率				70%
总径流量				208m^3

项目雨水调蓄总量核算表 表5-5

序号	LID 设施	单位	数量	设施控制量（m^3）
1	雨水花园	m^2	323.2	92.7
2	滞蓄型植草沟	m^2	253.9	42.6
3	透水沥青路面	m^2	4352.7	—
4	透水铺装广场	m^2	102.8	—
5	彩色透水沥青停车场	m^2	1723.3	—
6	绿地	m^2	1652.5	—
7	地下调蓄池	座	1	80
合计		m^3	—	215.3

3）年径流污染控制率达标核算

通过海绵设施改造，项目雨水年径流污染去除率可达到56.1%，满足海绵城市建设对雨水年径流污染控制率不低于50%的要求，计算如表5-6所示。

项目年径流污染控制率核算表 表5-6

序号	LID 设施	设施控制量（m^3）	污染物去除率（%）
1	雨水花园	92.7	80
2	滞蓄型植草沟	42.6	70
3	透水沥青路面	—	—
4	透水铺装广场	—	—
5	彩色透水沥青停车场	—	—
6	绿地	—	—
7	地下调蓄池	80	80
年径流总量控制率			72
年径流污染控制率			56.1

（6）建设效果

红旗医院海绵化改造已经完成，原有的雨污混流、管网老化淤堵且设计标准低、局部积水、停车困难、景观单一及山体排洪沟排水能力不足等问题全部得到解决，功能得到完善，院区整体环境面貌与功能条件得到大幅提升与改善（图5-26～图5-28）。

3. 珠海市实验中学海绵改造工程

珠海市实验中学是市属占地面积最大、按国家级示范性高中要求一次性投资建设到位的全寄宿学校。该学校处于金湾区航空城填海区，由于地基出现不均匀沉降，导致室外地面标高降低，管道出现错位、破损现象，且遭遇强降雨时会出现局部大面积积水现象，因此本次海绵改造过程中，通过局部抬高地面标高，新

图5-26 红旗医院改造前航拍图

图5-27 红旗医院改造后航拍图

（*a*）

（*b*）

（*c*）

图5-28　红旗医院改造后实景图

（*a*）雨水花园与景观营造；（*b*）透水停车场；（*c*）透水路面

建雨水管道，畅通排水路径，同时设置源头海绵设施，减少径流量，强化末端湖体的调蓄能力。

（1）项目区位

项目位于1号主排河汇水片区（Ⅱ-1区）西南侧，属于西湖城区，东邻金城路，北侧为德城路，南侧为金瀚路，西侧为金鑫路，改造面积169555.13m^2（图5-29）。

（2）现状问题

综合场地分析、现状踏勘和校方需求，珠海市实验中学的海绵化改造以问题和目标为导向，主要解决管网破损及污水散排、广场和道路积水点、景观提升等问题，同时满足控制率达标。

1）现状场地地基不均匀沉降，导致管网出现错位现象，生活区和体院污水管道破损严重，需进行管网改造；

2）湖体周边广场区域、体育馆区域、新疆楼以及足球场地之间的区域、宿舍楼和湖西侧走廊之间道路区域积水情况严重，需要解决积水问题；

3）中心湖下穿校门的排水管道排水能力不足，需对其进行改造；

4）局部区域景观缺失，杂草丛生。

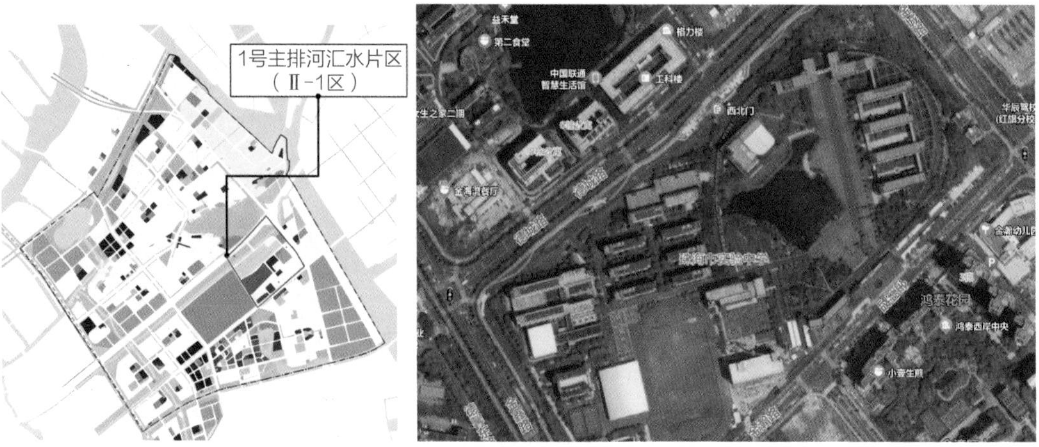

（*a*）　　　　（*b*）

图5-29　珠海市实验中学区位图

（*a*）项目在汇水分区中位置；（*b*）项目周边路网情况

（3）主要建设内容

1）污水管道接驳、新建污水管网及化粪池，保障排水通畅；

2）新建雨水管网，达到3年一遇排水标准；增设湖体至市政管网的溢流口，及时排出湖水，防止湖水漫溢至广场；雨污混接点改造，保障雨水排口旱季无污水出流；

3）调整湖体周边地面标高，将广场、人行道改为透水混凝土、透水砖路面等措施，消除原积水点；

4）对屋面雨水立管进行断接，采用雨水花园、植草沟、透水铺装等源头LID设施，将屋面、路面雨水引入海绵设施消纳，达到海绵城市建设径流总量控制和径流污染控制的目标要求；设置湖体溢流水位，对校区雨水进行调蓄，多余雨水溢流至市政管网；

5）结合LID设施布置，改造局部绿地，丰富景观效果。

（4）海绵城市建设指标

1）年径流总量控制率不低于80%；

2）年径流污染控制率（以TSS计）不低于60%；

3）结合海绵城市改造，提升排水能力，达到3年一遇排水标准；

4）解决现状学校积水问题；

5）通过海绵城市改造，改善学校环境，提升景观效果。

（5）建设方案

珠海市实验中学海绵城市建设内容主要包括雨水花园、滞蓄型草沟、透水铺装、环保型雨水口、生态树池、蓄水桶、排水边沟、线性排水沟、排水路缘石和

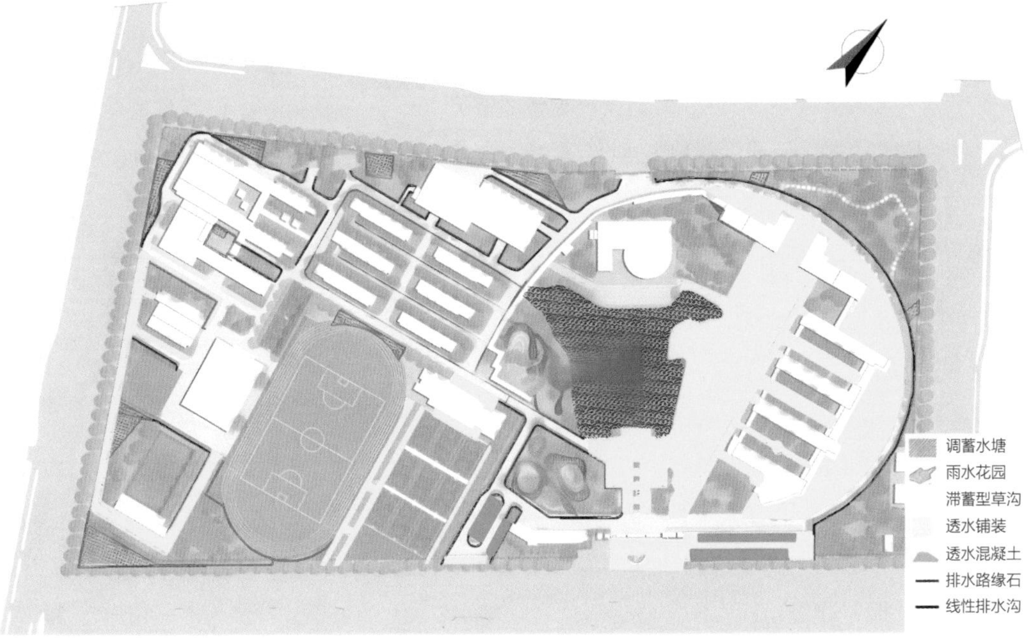

图5-30 珠海市实验中学海绵设施平面布置图

调蓄水塘等。海绵设施采用因地、因问题、因功能制宜的原则，进行统筹考虑，并与相关专业进行融合。海绵设施平面布置较为灵活（图5-30）。

（6）指标核算

1）总径流量

项目年径流总量控制率不低于80%，对应设计降雨量为40.5mm、综合径流系数为0.51，总汇水面积为169555.13m^2，总径流量计算如表5-7所示。

总径流量计算表 表5-7

序号	下垫面类型	单位	数量	雨量径流系数
1	建筑屋面	m^2	29546.52	0.9
2	硬质路面	m^2	33400.28	0.9
3	透水铺装	m^2	21932.03	0.4
4	绿地	m^2	74222.3	0.15
5	水体	m^2	10454.00	1
计算综合雨量径流系数				0.51
年径流总量控制率				80%
总径流量				3502.16m^3

2）年径流总量控制率达标核算

通过海绵城市改造，结合水塘调蓄，项目低影响开发设施雨水径流控制量可达到4095.77m^3，大于计算径流量3502.16m^3，项目实际年径流总量控制率达到82.98%，满足海绵城市建设年径流总量控制率80%的指标要求，计算如表5-8所示。

项目雨水调蓄总量核算表　　表5-8

序号	LID 设施	单位	数量	设施控制量（m^3）
1	雨水花园	m^2	4375.80	1255.85
2	滞蓄型植草沟	m^2	2344.01	374.10
3	调蓄水塘	m^2	8734.19	2465.81
综合				4095.76

3）年径流污染控制率达标核算

通过海绵城市改造，项目雨水年径流污染控制率可达到60.45%，满足海绵城市建设对雨水年径流污染控制率不低于60%的要求，计算如表5-9所示。

项目年径流污染控制率核算表　　表5-9

序号	LID 设施	设施控制量（m^3）	污染物去除率（%）
1	雨水花园	1255.85	70
2	滞蓄型植草沟	374.10	93
3	调蓄水塘	2465.81	70
年径流总量控制率			82.98
设施年径流污染去除率			60.45

（7）建设效果

项目已经改造完成，不仅解决了场区内涝积水问题，还对损坏的管网进行了修复，对景观绿化进行改造提升，景观湖湖水更清澈、环境更生态，透水路面实现了“小雨不湿鞋”，方便学校师生集散与活动，海绵设施改造达到了预期效果（图5-31）。

（*a*）　（*b*）

图5-31　珠海实验中学改造后实景图

（*a*）水体景观与海绵功能融合；（*b*）海绵设施与景观绿化融合

5.2.2 海绵型公园与水体——系统治理

1. 金湾人工湿地公园工程

金湾人工湿地公园工程位于珠海大道南侧，北侧紧邻1号主排河，位于系统的末端，主要承接PPP片区的初期雨水和溢流污水，通过人工湿地进行净化，同时具有末端调蓄功能，涵养水源，在此基础上运用海绵理念打造景观设施，培育一个天蓝、水清、地绿、景美、人和、生机勃勃、吸引力强的原生态野趣湿地公园。利用湿地公园的生态科普教育，弘扬一种整体、和谐、循环、共生和阳光、健康、交流、运动的生活方式与生态意识为一体的人文生态文明。

（1）项目区位

金湾人工湿地公园建设区域位于珠海大道与1号主排河之间，西起双湖路，东至广东省科技干部学院正门主路，北起珠海大道，南至1号主排河，总面积约为18.3hm^2（图5-32）。

（2）现状问题

1号主排河汇水分区包括白藤山社区、广安社区、三板社区等红旗镇老片区及珠海大道南侧西湖片区新建地块，包括8个排水分区。经梳理摸排，其中Ⅱ-1区、广安路片区（Ⅱ-4区）、南翔路片区（Ⅱ-5区）、红旗镇雨水泵站（Ⅱ-6区）

图5-32 金湾人工湿地公园位置图

4个排水分区，现状区域内部分源头改造地块建设年代较久、建筑密度高、地面硬质化率较高、改造难度较大、经源头改造无法达到海绵城市建设目标等问题，排水分区或项目的部分目标调蓄量需要考虑利用系统调蓄解决。

（3）主要建设内容

主要包括表面流人工湿地、潜流人工湿地、湿地生态系统、湿塘、传输管及广场铺装、园路系统等公园景观工程，厕所、景亭等小品工程，照明、标识、座椅等配套设施。

（4）海绵城市建设指标

根据模型模拟结果，初雨截留的深度采用8mm，以达到片区径流污染控制目标，综合径流系数取0.6，则可测算系统调蓄处理设施总初期雨水调蓄量为16010.88m^3。再根据PPP项目的可行性研究报告，项目区域海绵改造以年径流总量控制率70%和面源污染控制率50%等为改造目标，在源头改造无法达到年径流总量控制率和SS去除率的情况下，核算分流制片区系统调蓄设施调蓄量为18950m^3。

由于合流制片区截流雨水通过管网排向净水厂，最终确定项目系统调蓄设施调蓄量工程规模为18950m^3，确保服务排水分区的年径流总量控制率达到70%和面源污染控制率达到50%。

（5）建设方案

1）面源污染控制

人工湿地系统主要服务南翔路排口片区、艺术学院排口片区、中兴路排口片区、金二路排口片区、实践路排口片区，共4.41km^2，金湾人工湿地公园内设置了湿塘、潜流人工湿地6.5hm^2、表流人工湿地2.5hm^2，对PPP片区初期雨水及溢流污水进行三级处理，同时对1号主排河河水进行循环处理。人工湿地公园内部设置了雨水花园、植草沟、透水铺装等海绵设施，对场地内部径流进行净化、调蓄（图5-33）。

2）雨水调蓄

通过人工湿地公园内部设置的湿塘、表流人工湿地，可以对雨水进行调蓄，为该系统服务区域贡献约30%径流控制率。当遭遇暴雨、台风等低频次概率下的极端天气时，人工湿地可利用地势承担部分超标雨水的调蓄功能（图5-34）。

3）科普、休闲空间

组织功能空间：根据场地的不同布局合理组织功能空间，分别设置口袋公园（邻里漫步）、湿地游览（湿地呼吸）、生态科普（科普认知）、生态观鸟（芦荻闻鸣）、滨河亲水步道（河畔畅游）等功能区块，实现湿地公园的空间观景效果（图5-35）。

营造植物意境游园：以表流湿地湿塘基底作为基础条件，划分几个水生植物

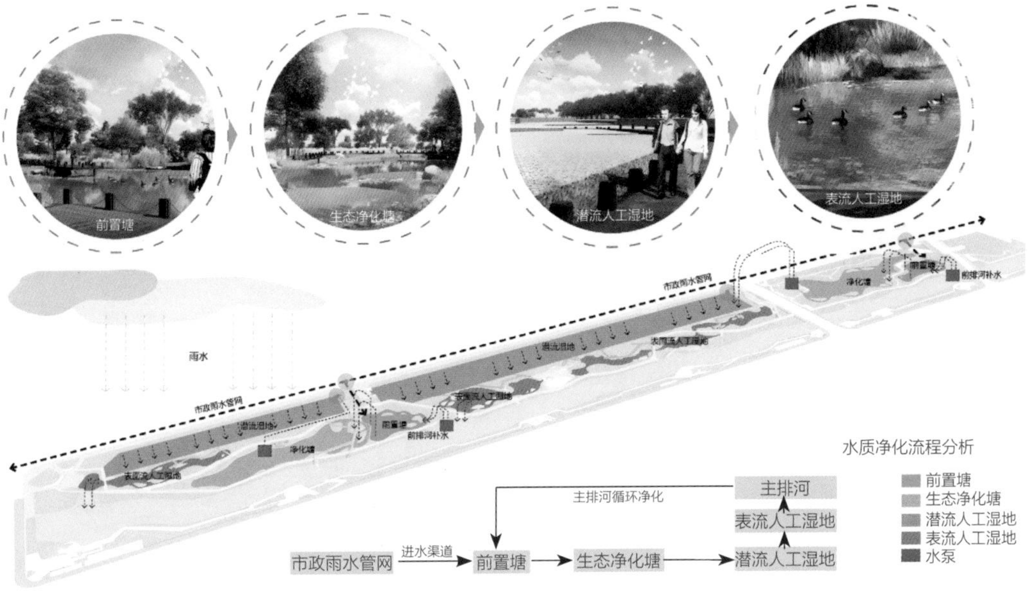

图5-33 水质净化流程

（*a*）

（*b*）

（*c*）

图5-34 人工湿地公园不同工况运行水位

（*a*）枯水期运行水位；（*b*）丰水期运行水位；（*c*）蓄洪期运行水位

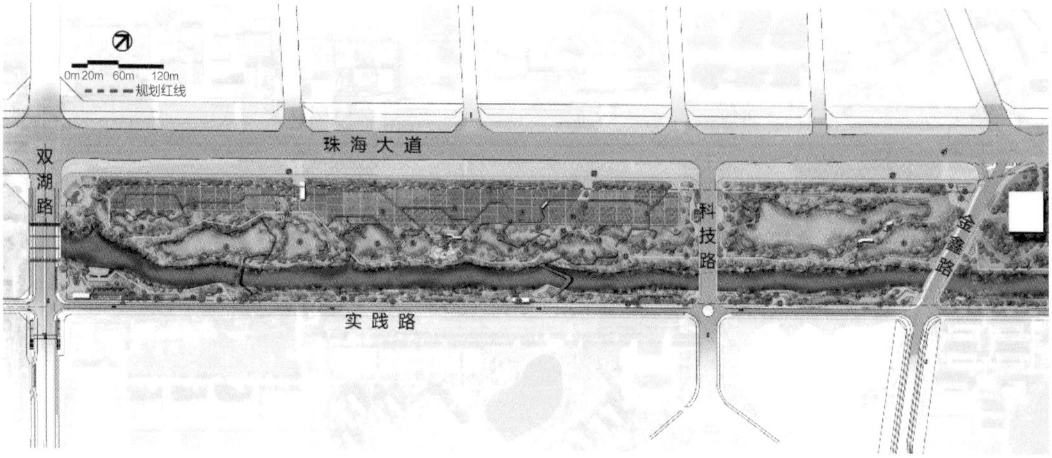

图5-35 金湾人工湿地公园总平面图

集中展示水域，形成各具特色的局部水生植物展示园，为景观空间营造以及湿地植物科普形成框架。

金湾人工湿地公园通过设置不同的海绵元素以及展示牌，构造海绵科普路线，通过实地观摩，更加深刻地认知海绵城市理念。项目周边学校、居住区、商务区密集，人口密度较高，湿地公园的建设可供周边居民临河远眺、滨水休闲、河畔漫步，从而提高市民的生活品质。

（6）目标可达性

根据相关资料，区域径流稳定后COD、SS、NH_3-N、TP浓度分别维持在80mg/L、150mg/L、2.0mg/L和0.3mg/L左右。根据《海绵城市建设技术指南（试行）》，湿塘面源污染SS去除率能达到50%～80%，取中位值65%，经过湿塘调蓄沉淀后，雨水污染物浓度COD、SS、NH_3-N、TP分别在80mg/L、53mg/L、0.7mg/L和0.2mg/L左右。

1号主排河PPP项目范围为双湖路至泥湾门，水体整治目标为消除劣Ⅴ类，因此对上游水体水质的要求为不低于Ⅴ类，径流污染雨水及1号主排河循环净化水体经人工湿地处理后，出水水质可实现不低于Ⅴ类（表5-10）。

2. 白藤山生态修复湿地公园

白藤山生态修复湿地公园位于金湾区海绵城市试点区内，是金湾区海绵城市

湿地出水水质　表5-10

指标	COD	NH_3-N	TN	TP
湿地出水水质（mg/L）	≤40	≤2	≤2	≤0.4

建设公园绿地类样板项目。公园所在区域原为采石场，已经废弃，由于山体开采和地面硬化，白藤山山体和周边生态环境均遭到了不同程度破坏。珠海具有雨量大、强度高、频次高的降雨特点，由于缺少植被、水土流失比较严重，下雨时白藤山产生的径流量较大，对场地周边的安全产生一定威胁。针对这一系列问题，金湾区在白藤山生态修复的过程中结合海绵城市建设理念，采取系统治理的思路，使白藤山的生态环境和排水安全得到改善。

（1）设计范围

本项目位于金湾立交西北角的白藤山脚下，金湾区与斗门区交界处，改造总面积19.1hm^2（图5-36）。

（2）主要设计内容

本项目为大型公园绿地项目。在对场地及山体进行生态修复的基础上，又赋予两个方面的功能。其一，是将其打造成一个体育公园，设置了足球场、篮球场、极限运动区等运动设施，同时设置景观平台、休闲驿站、亲水栈道等休闲空间，为市民提供闲暇时休闲运动的新去处；其二，是创新性地结合海绵城市建设

图5-36 白藤山生态修复湿地公园项目地理位置及范围

理念，利用场地原有的湖泊，将其打造成景观水体，作为泄洪场地，蓄存白藤山、场地及周边道路的径流雨水，保障场地内和周边区域的安全，并因地制宜地配套设置了生态湿地、雨水花园、透水步道、生态旱溪等雨水调节净化设施，净化雨水，控制径流污染。同时，湿地公园顺应场地现状进行景观设计，保留了山体开采的痕迹，保留历史记忆。

（3）海绵城市建设指标

1）年径流总量控制率不低于85%；

2）年径流污染控制率不低于60%；

3）排水标准不低于3年一遇；

4）内涝防治标准不低于30年一遇。

（4）建设方案

结合项目现状（图5-37），整合海绵城市理念，研究后采取三大策略：循环+重构+弹性边界。尘污之积，水以柔成。结合海绵城市的设计思想，对场地主要元素水体地有效疏导。顺应文化传承理念，对场地原有的山石资源进行山石景观设计，保留场地山石矿场的元素，留下相应的历史记忆，体现浓厚的人文关怀。在生态学和海绵城市概念的指导下，对场地进行生态恢复和保护。通过多个节点的串联，将绿化展示、生态讲解、活动体验融为一体。

（5）建设效果

项目改造已经完成，公园汇水范围内白藤山的山洪宣泄路径与空间得到解决，周边的水安全得到保障；环境脏乱差的原采石场蝶变为体育公园、休闲健身场所，景观湖的水质提升，倒映着白云与彩霞，成群的鱼悠闲地游动，鹭鸟等水禽至此安家，人与自然相处融洽，其乐融融（图5-38）。

（*a*） （*b*）

图5-37 白藤山生态修复湿地公园改造前现场照片

（*a*）改造前总体现状照片；（*b*）改造前山体破坏照片

（a）（b）（c）（d）

图5-38　白藤山生态修复湿地公园改造后实景图

（a）白天公园全景；（b）公园夜景；（c）公园健身频道；（d）公园绿地与透水铺装

3. 1号主排河综合整治工程

1号主排河作为西部中心城区内的主要排水河道之一，对其进行整治既是防洪规划工程的具体落实，又是提高生态岸线率、改善区域水环境、提升水质的需要。

建设的主要目的：一是通过本河道的岸线整治，形成区域规划排水河道体系，从而提高区域防洪能力；二是通过景观河道建设，提升区域水环境。形成“河畅、水清、岸绿、景美、路通”的滨河环境，实现人与自然的和谐相处。

（1）项目区位

1号主排河位于珠海大道南侧，实践路北侧，整治范围为双湖北路至友谊河段，全长约2712.2m（图5-39）。

（2）存在的问题

1号主排河位于珠海市金湾区，全线尚未贯通。现状水面率低，水质为劣V

图5-39　1号主排河区位图

类，河道异味严重，居民反应强烈。1号主排河从中兴路以西段存在河道收窄、水体黑臭、水葫芦长满水面的问题，有治理和改造的空间，急需整治。

通过对1号主排河周边现状污染源和环境条件的调查（图5-40），1号主排河水体黑臭原因及存在问题主要有以下几点：

1）溢流污染：1号主排河作为两岸片区雨水排放出路，且北侧红旗镇老城区为合流区域，降雨时雨污水直接排入水体，对水体水质造成不利影响。

2）底泥污染：由于1号主排河管理不到位，现状调研时发现1号主排河河道内有底泥存在，污染河道水质。

3）水体自净能力弱：1号主排河现状虽与友谊河、双湖路排洪渠连通，但根据现场调研，现状水体平时缺少流动，水动力不足，水体自净能力弱。

4）景观效果待提升：但由于管理不到位，现状河岸杂草较多，水葫芦长满水面，沿河绿化较差，沿河绿带公园设施偏少，群众参与度低，急需对1号主排河景观进行提升。

（3）建设内容

工程建设的主要任务是：对1号主排河原线位岸线综合整治，沟通水系，增强水动力，提高排洪能力，结合人工湿地公园工程对入河的初期雨水及溢流污水

图5-40　1号主排河改造前现状图片

进行净化。综合整治主要内容包括：护岸建设、岸边绿化、河道清淤、海绵化设计、增设浮岛、污水截断与改排等。

1号主排河是区域规划的主要排水通道之一，1号主排河进行整治的主要作用是提高区域的排水能力，同时改善区域水环境。所在区域属于平原河网区，河道整治规模要满足防洪规划中的河道宽度、河底高程等相应要求，河道宽度不得小于规划控制河宽，能宽则宽。

（4）建设目标

1）岸线建设目标

①工程等别及建筑物级别

1号主排河等别为Ⅱ等，按50年一遇防洪标准设计。河道的永久性主要建筑物、次要建筑物、临时性建筑物的级别分别为2级、3级、4级。

②河道平面布置及断面

项目平面布置为直线形，岸线整治范围自双湖路至机场东路，长2.72km，河道河口宽40m，河底纵坡为0.2‰，渠底标高按照1号主排河交中央水系处标高为-1.0m控制，河底高程-1.29～1.585m（至中兴路处）。河道两岸预留景观用地。河道断面采用开放式生态放坡断面，从河底按1：3放坡至1.5m高程处，再用1：1.5边坡与现状地面或人工湿地公园衔接。

2）水质目标

通过底泥清淤、初雨控制、截污工程、生态建设等措施，项目建成后1号主排河水质优于河体地表水Ⅴ类水水质，消除黑臭与富营养化。1号主排河与中央水系连通，上游段同步进行水系治理，在1号主排河与中央水系汇流区域内雨污水分离工程完善的基础上，河道全线都进行治理后，水质可以稳定达到河体地表水Ⅴ类水水质，水生态形成后可以达到Ⅳ类水水质。

3）景观目标

景观与周边大环境景观的一致性，充分利用水平面的季节性变化及水岸线的曲率变化，采用生长习性随着水源变化而呈现不同形态的植物景观来诠释陆地与水面的空间关系，极大地丰富区域内的景观，凸显自然生态，满足景观和亲水需要。在构建优质的休憩环境与宜人的漫步空间的同时，完善区域景观规划结构，创建独特的环境品质（图5-41）。

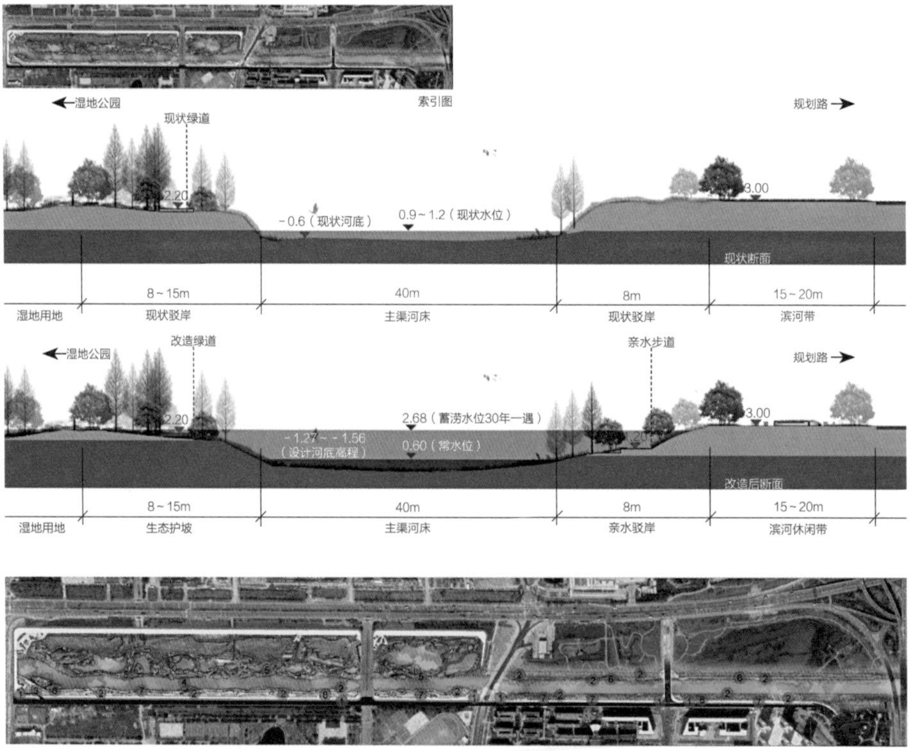

图5-41　1号主排河综合整治工程总平面图

1—主入口；2—景观平台；3—停车场；4—跨河景观桥；5—木栈道；6—绿道；7—自行车道；8—自行车及共享单车驿站

（5）建设理念

1）将工程治水变成生态理水，增加河漫滩，满足行洪要求现状为生态驳岸，设计中保留生态驳岸，拓宽水面宽度，增加漫滩，恢复河道的自然状态。

2）收集雨水、净化水体，将干净的水汇入主河道将周边雨水收集到链状湿地水泡中，既可满足周边绿地使用，又补充地下水，净化过滤后再注入主排河。

3）营造河流生境，围绕修复流水生态子系统和河漫滩生态子系统，因地制宜设计打造急流带、滞水带、河道带和湿生、中生、旱生等适合不同生物群落的生境，为鸟类、鱼类、软体动物、两栖动物、昆虫等繁衍生息建设食住无忧的温馨家园，逐步恢复自然的生态系统。

4）构建慢行系统，营造多层次的休闲空间，根据不同的生境，打造不同的慢行游憩系统，构建和完善游憩网络，多角度、多维度、多层次地提供休闲空间。

5）增加文化体验和互动空间，打造多重服务的绿色廊道沿车行道打造集散场地，在周边增加活动场地、服务设施等，引入各类活动，注入文体元素，完善游憩系统。

（6）目标可达性

1）水动力与污染物扩散之间的关系分析

1号主排河与金湾区内其他水系之间均有连通，同时又设置了水闸，水质受整个区域的污染物输入量影响较大，提升河道水质是一项系统工程。

2）污染物特性分析

不同污染物本身具有不同的物理化学特性和生物反应规律，对水生生物和人体健康的影响程度也不同。因此，不同的污染物具有不同的环境容量，但具有一定的相互联系和影响，提高某种污染物的环境容量可能会降低另一种污染物的环境容量。

在1号主排河的治理中，均进行底泥清淤，减少底泥中污染物向水体释放。

底泥污染——缓慢连续释放污染物：目前1号主排河治理段水质测试发现TP指标超出地表水Ⅴ类水指标值1倍以上，底泥中TP析出的贡献率大于80%。

初雨的污染——对水体自净能力造成较大干扰，源头尽可能减少初雨形成径流。目前广东省科学技术干部学院年控制35069.8m^3初雨量，城市职业学院年控制35972m^3初雨量，每年可以消减COD约5.6t，BOD约0.45t，氨氮约0.42t。

污水污染——1号主排河通过海绵改造将污水改向，通过对污水管网服务周边人口用水进行计算，改向后，减少约72.1万t污水进入水体，控制COD约72.1t，BOD约21.6t，氨氮约14.4t，TP 约6t。

在上游来水水质不差于本段水质的前提下，通过治理后，1号主排河整治工程水质可以稳定达到V类。

外部污染物输入——上游来水的污染物并不能得到有效控制，所以外部污染物并不能得到有效控制。

综上所述，1号主排河上游水体全线治理条件下，水质可以优于V类水。

3）生态系统构建

通过岸线生态化改造，可以增加水体的自净能力，在岸线上增加挺水植物，净化水体的同时达到美化水环境的功能。

水生态的构建与岸边景观一并考虑，在水体河口线以外主要考虑高大乔木和耐阴乔灌木，以景观提升与亲民性为主导，在水体河口线以内到河水水深0.5m处主要以挺水植物、沉水植物与浮叶植物为主，主要考虑以提升水体的自净能力为主要目标，以提升景观为次要目标。

（7）建设成效

该项目首要任务是防洪排涝，并保证河道作为亲水走廊的功能，因此本工程的过水断面除了必须满足河道行洪的要求外，也应积极考虑采用野趣的、生态的、柔性的断面形式，并确保水体与陆域有机衔接、自然过渡。

通过优化建设管理机制，把河道治理与沿河陆域景观绿化委托同一家建设单位，实现对流域、区域的统一策划、统一设计、统一建设，抛弃了硬质护岸，选择河流与陆域柔性自然衔接过渡的做法，不仅为河堤的大放坡、梯次布局提供了用地与空间，还为陆域下垫面的降雨通过绿地散排漫流、初步净化后汇入河边湿塘提供了绿色路径与无障碍入口，实现了海绵城市建设功能。还通过模仿自然，河岸线形纵向蜿蜒曲折，河堤断面横向起伏圆润，并与景观绿化、健身休闲、文化宣传等相匹配，较好实现了蓝绿融合、城水相依、动静结合，把河道堤岸建设成集休闲亲水、亲近自然和欣赏人文景观于一体的如画城市河流景观，营造出“河清水畅鱼自游，人闲花落鸟共舞”、不是自然却胜似自然的水城胜景（图5-42）。

4. 1号主排河排涝泵站

西部中心城区现状防洪工程体系由堤防（河堤与海堤）、泵站与水闸、河道（区内河道与区外珠江水道）、水库与山塘等工程设施组成。当出现上游过境洪水或风暴潮或两者同时发生时，则依靠海堤与内河入海口处的挡潮闸联合进行阻隔，防御海潮或洪水侵入；当辖区内因强降雨产生洪水时，一方面利用水库、山塘腾出的库容拦蓄山洪，利用截洪沟拦截分流高水，利用河涌、湖泊预留的空间配合河闸分段滞蓄洪水；另一方面启动挡潮闸及时向外江水道或大海排泄本地洪水，如遭遇风暴潮或外江高潮位顶托倒灌时，则关闭挡潮闸，借助排涝泵站进行

陆域混交林区
[陆生过渡带]
陆域混合林区的植物设计遵循多层次多形态的搭配，乔灌草相结合的设计。
乔木：水杉、木麻黄、水蒲桃等。
灌木：小叶紫薇、红车等。
观赏草：狼尾草、芒草、白茅等。
湿地浅滩
[水陆交接带]
主要选择水生植物、沼生植物，通过花的色彩丰富水陆交接带。
植物选择：
花叶芦竹、香蒲、水生鸢尾、千屈菜等。
湿地水域
主要选择沉水植物、水生植物，柔和水的边缘，使绿化与水边平缓地过渡，生态、自然。
植物选择：
狐尾草、苦草、睡莲、泽泻、水葱、莎草等。

图5-42 1号主排河综合治理工程效果图

强排，以保障区内居民生命财产安全。

1号主排河入坭湾门水道处于2019年重建三灶湾1号闸，节制闸设计排水流量为139m^3/s，水闸闸室为3孔，单孔净宽8m，双向挡水。由于受潮位影响，当遭遇高潮位时，需要关闭节制闸，导致内河水位上升，对上游雨水管道造成顶托，导致红旗镇内道路与小区经常积水（图5-43）。

1号主排河排涝泵站工程是小林联围内“小林Ⅶ汇水分区”的重要防洪排涝设施。其主要功能是区域防洪除涝。该工程的建设将提高整个小林联围内“小林Ⅶ汇水分区”的防洪排涝能力，并与1号主排河、三灶湾1号闸充分发挥河、泵、闸的综合效益，完善区域防洪安全保障体系，改善内河水环境质量，为小林联围地区的发展建设奠定坚实的基础。

（1）项目区位

1号主排河贯穿西部中心城区，以机场北路与该河交汇点为界，分东、西两段。向东与中央水系平交，穿越S272省道（湖心路），通过1号闸入坭湾门水道，平均河道宽度为40m。1号主排河东端入坭湾门水道也称白龙河，水域宽阔连接外海。珠海市金湾区1号主排河排涝泵站位于坭湾门水道以西1号主排河入白龙河的出口处（图5-44）。

（2）建设目标

1）防洪（潮）：满足P=50年。

2）防汛排涝：满足30年一遇24h降雨、遭遇5年一遇外江潮位不致内涝。

（3）建设内容

主要工程内容为排涝泵站工程，主要功能是防潮、排涝，规划最大排涝流量

（*a*）（*b*）

（*c*）（*d*）

图5-43 金湾区海绵城市试点范围红旗镇积水情况

（*a*）市政道路积水实况1；（*b*）市政道路积水实况2；（*c*）小区内积水实况1；（*d*）小区内积水实况2

为30m^3/s，泵站布置在1号水闸管理区西侧，泵站主要由泵房、进出水池及内外河渠道等构成。泵房内安装3台竖井贯流泵，单泵流量为10m^3/s，设计总流量为30m^3/s。主泵房采用块基型结构，设置1个泵段，泵段内布置3台水泵。每台水泵进水侧设拦污栅及工作闸门各1道，出口处设工作门及事故门各1道（图5-45）。

（4）目标可达性

1号主排河泵站采用30m^3/s的规模，在30年一遇暴雨遭遇外江5年一遇潮位情况下进行内涝复核计算，内河河道最高水位为2.53m，1号主排河水位超过2.0m的时间为2.87h，由于1号主排河现状汇水范围内北部建成区大部分地面标高在2.5～2.7m之间，能有效应对30年一遇降雨，并且缓解内涝压力。

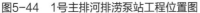

图5-44 1号主排河排涝泵站工程位置图

图5-45 1号主排河排涝泵站（在建）

（5）建设成效

由于内河涌常水位控制在0.29～0.60m，起调水位定为0.3m，若降雨初期内河涌初始水位高于0.3m，泵站建成后，可在接到暴雨预警后、风暴来临前通过预泄适当腾空部分库容，使得内河涌水位预降至0.3m，提前预腾调蓄空间。遇到强降雨与高潮位或风暴潮叠加，在水闸必须关闭的情况下，泵站将发挥不可替代的作用，将河道内水快速向外强排，为入河洪水腾出空间，为上游排洪抗涝分担压力。

5.3 › 典型片区及样板工程二：航空新城C片区

5.3.1 航空新城核心区（第Ⅳ排水分区）海绵城市建设

第Ⅳ排水分区位于金湾区海绵城市试点区C片区，地处试点区东南角，东到机场北路、西到双湖南路，北到金湖大道，南到中心河，面积约为580.6hm^2，陆域面积3.8km^2，占金湾区海绵城市试点范围比例为25.6%。该区域从2014年开始进行土地一级开发，由华金公司代建，属于中心河受纳区域，现状及规划排水均排入中心湖和中心河（图5-46）。

1. 现状分析

（1）水生态现状

商业地块密集，下垫面硬化面积比例较高，径流量较大；绿地设置相对比较集中，但由于未统筹考虑各类绿地的空间布局，绿地与绿地间缺乏有机联系，导

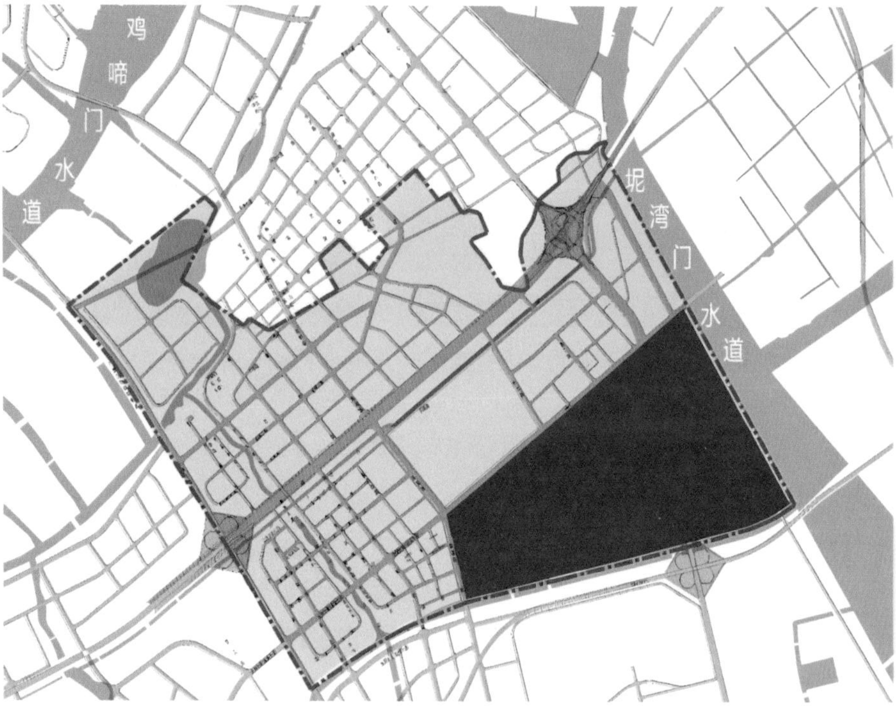

图5-46　航空新城核心区区位图

致绿地呈碎片化无序分布，无法发挥绿地的整体效应与连片效应；

（2）水安全现状

雨水就近排入中心河和中心湖，最终排入坭湾门水道。存在1处水浸点，位于保利香槟至八达加油站附近；

（3）水环境现状

片区为新建区域，采用雨污分流排水体制，无污水直排现象，雨水管网末端缺乏预处理设施，受纳水体中心河水质较好，可稳定达到准Ⅳ类。

2. 建设思路

（1）源头减排

通过源头建设与小区、道路与广场、公园绿地等项目的海绵城市建设指标管控，使各地块达到上位规划提出的海绵城市建设指标要求。

（2）过程控制

排水分区整体为雨污分流制排水体制，杜绝污水直排河道现象；市政管网均按3年一遇排水标准建设，按30年一遇防涝标准进行校核，保障片区水安全。

（3）系统治理

利用规划建设的中心湖，调蓄周边地块雨水，溢流雨水进入中心河；沿中心湖和中心河雨水排口处设置预处理设施，控制雨水径流污染；建设中心湖补水湿地，旱季抽取中心河水，经梯级表流湿地净化后补至中心湖，形成水循环系统，提升水动力，保障片区水环境。除此之外，通过利用片区内金山公园、中心河堤岸等绿色空间以及中心湖等蓝色空间为片区提供暴雨期间的泄洪场地，通过蓝绿空间的转换，提升航空新城片区应对暴雨及极端台风天气的能力。

3. 系统方案

由于航空城五大中心坐落于中心湖周边，场地均为商业地块，对景观要求较高，硬化面积较大，且地下室面积大，雨水无法下渗。为了更好地贯彻落实系统治理海绵城市建设理念，完善片区建设思路，华金公司组织编制《航空城中心湖片区系统方案》，利用中心湖及堤岸绿地系统解决周边项目场地雨水的调蓄及净化问题，兼顾片区排水安全。

项目位于金湾区航空新城核心区，包括中心湖周边的创业大厦、商务中心、市民艺术中心、产业服务中心、公共文化中心、华发商都中心等华发在建项目以及加华城市广场、龙湖原著台、迈科总部大厦等社会投资项目，研究范围为88.9hm^2（图5-47）。

航空新城中心片区系统复杂，周边地块均为高品质打造的公共建筑及空间，在考虑径流控制、污染削减、排水防涝、防洪防潮、雨水利用等各项要求的同时，需考虑高品质景观设计造成海绵措施单一、运行效果差、运营管理需求复杂等实际问题。此外，片区规划有中心湖，应采用系统性思维，利用系统治理思路，综合解决整个片区的水生态、水环境、水安全问题，使片区整体达到海绵城市建设目标要求。

（1）水生态需求

周边地块均为高品质商业及住宅区，地块地下室顶板面积较大，影响绿色LID设施布置，大面积采用灰色设施技术经济性较差，后期运维较难，需要系统解决雨水径流总量控制及污染削减目标。

（2）水环境需求

中心湖水源及水质保障要求较高。中心河下游闸门闸死，整体流动性差；中心湖主要为降雨及河道补水，出水通过溢流堰控制，亟需补充活水保质措施，保证景观湖水质。

（3）水安全需求

金湾区具有年均降雨量多、强度大、频次高等特点，且不时有极端台风天气，片区需要尽可能多的泄洪场地，保障区域排水安全，降低内涝风险。

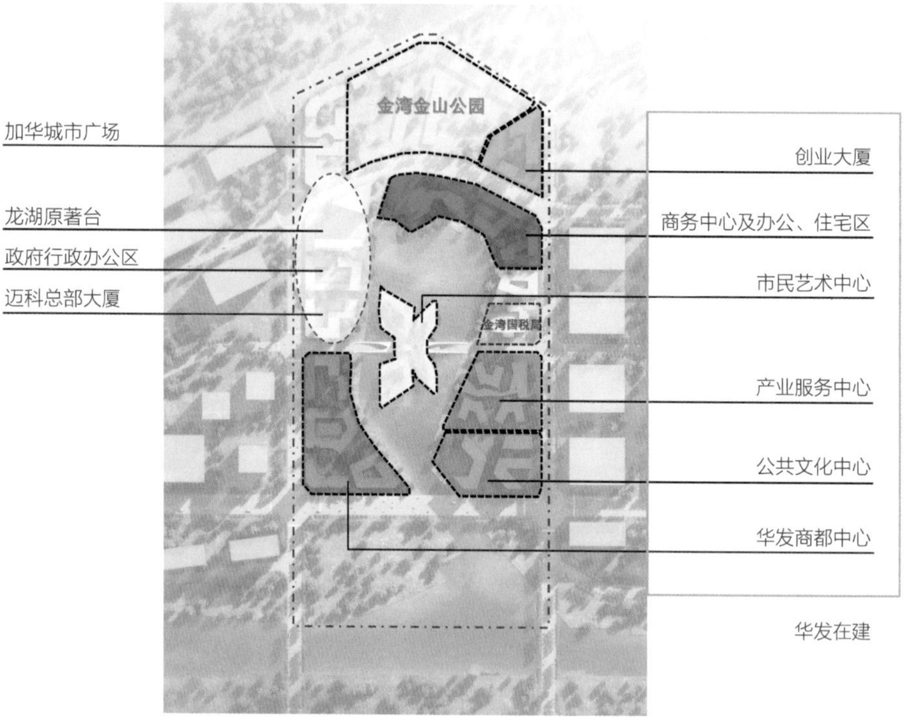

图5-47 中心湖片区系统方案研究范围图

（图片来源：金湾区海绵办提供资料）

4. 技术路线

湖体原设计常水位降低0.2m，预留足够的雨水调蓄空间，同时设置旁通井，在雨前预计降低水位至2.5m。湖体驳岸预留雨水入湖排口，就近设置雨水花园或下凹式绿地，底部设置渗排管，场地雨水经净化后排入中心湖体。优化周边地块场地竖向设计，将降雨径流通过生态驳岸、植被缓冲带及前置塘等设施净化后直接排湖。周边地块雨水管网调整排水走向，将地块雨水收集后排入中心湖，并在排口处设置前置塘、弃流沉淀设施等径流污染控制措施。非入湖区域尽可能采用绿色生态措施，雨水回用系统作为次选方案，且应与用水需求匹配（图5-48）。

5. 方案设计

将原设计中心湖常水位从2.7m降至2.5m，预留21600m^3的雨水调蓄空间，服务周边场地。沿中心湖周边场地雨水通过排水管网调整，将雨水分散排入中心湖，并于排口前设置弃流沉淀处理系统（图5-49），排口处设鸭嘴阀，防止湖水

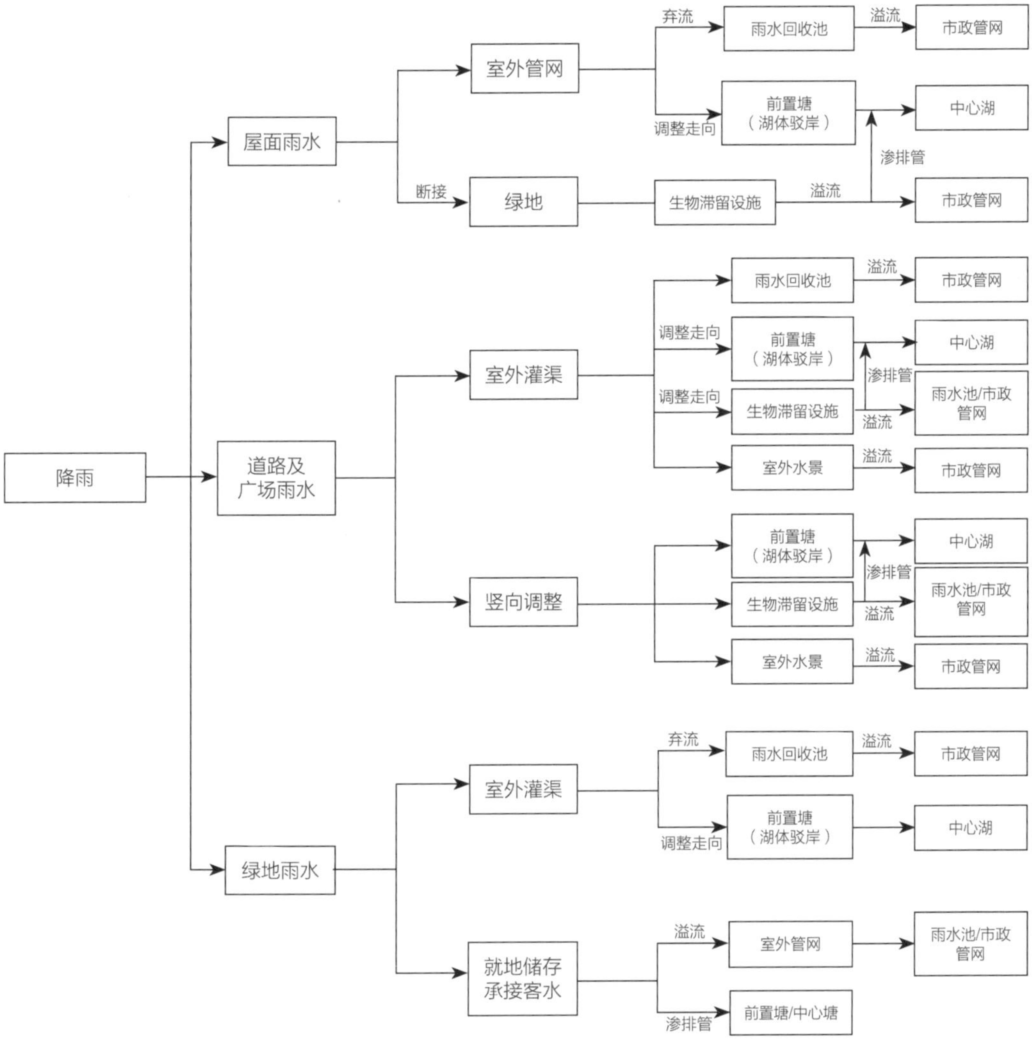

图5-48　技术路线图

（图片来源：金湾区海绵办提供资料）

倒灌。三处市政末端雨水排口处分别设置前置塘，控制初期雨水径流污染。中心湖驳岸绿地采用雨水花园、植草沟、透水铺装、生物滞留带等设施，对地表径流进行净化后通过自然放坡排湖。结合已规划建设的中心湖补水湿地，旱季将中心河及沿岸湿塘雨水提升至湿地净化后，出水补给中心湖，形成水循环系统，提升湖体水动力，保障中心湖水质。

图5-49　初雨弃流井现场照片

图5-50 航空新城核心区项目建设及管控分布图

（图片来源：根据金湾区海绵办提供资料自制）

6. 建设成效

经过海绵城市试点建设，航空新城核心区已完成28个海绵城市建设项目，排水分区内“源头—过程—末端”的系统治理体系已经构建完成（图5-50）。该排水分区公共空间海绵城市格局已完成构建，确保该片区建成后的年径流总量控制率达到规划海绵城市建设目标。

5.3.2 金湖大道东路提升工程

1. 项目概况

金湖大道东路是航空新城片区内的主要交通干道，道路西起双湖路，终至机场东路，全长约2.7km，于2014年上半年建成通车。当时由于受工程投资限制，道路建成后为水泥混凝土路面，没有配套建设路灯等设施，景观条件也较差。根据航空新城的规划定位，为了完善航空新城的配套设施，需要尽快对现状金湖大道东路进行升级改造。

金湖大道东路提升工程于2017年开始建设，2018年完工。项目采用海绵城市建设理念，在机非隔离带、非机动车道及人行道的设计中采用了生物滞留带、多孔纤维棉、透水铺装等LID设施，并进行了道路白改黑，完善了相关配套设施。作为金湾区最早的道路海绵城市建设升级改造项目，项目完工后成为金湾区乃至珠海市的道路海绵城市建设样板项目。

2. 海绵城市建设指标

（1）年径流总量控制率不低于70%；

（2）年径流污染控制率（以TSS计）不低于50%；

（3）内涝防治标准不低于30年一遇。

3. 技术路线

道路两侧的机非隔离带采用生物滞留带形式，遵守自然做功、自然排水的原则，结合景观造景对地形的需求，对场地竖向进行合理化设计，收集车行道及非机动车道、人行道的路面径流，对雨水进行收集和净化。

生物滞留带的结构断面采用多孔纤维棉结合表层介质土的形式，通过介质土的高渗透性以及多孔纤维棉的高孔隙率（可达90%以上），生物滞留带蓄水层雨水可在雨后2h左右下渗排出；雨水在提高下渗区域渗透能力的同时，可利用多孔纤维棉蓄留部分雨水，并在枯水期向周边土壤缓慢释放补水。其他区域采用景观种植土，不影响乔木、灌木及地被植物的正常生长。

非机动车道、人行道采用透水铺装设计，保证降雨时地面不产生积水，雨后最短时间内可以实现居民畅通慢行。

4. 建设效果

项目建成后，解决了传统生物滞留带设计所带来的一系列问题，探索出了适合金湾区、珠海市乃至广东地区气候及水文地质条件的道路海绵城市设计思路（图5-51、图5-52）。

（*a*）

（*b*）

图5-51 金湖大道东路改造前实景图

（*a*）车行道与非机动车道原状图；（*b*）机非分隔带原状图

（图片来源：由金湾区住房和城乡建设局提供）

（a） （b） （c）

图5-52 金湖大道东路改造后实景图

（a）改造后人行道与非机动车透水铺装图；（b）改造后分隔带绿化图1；（c）改造后分隔带绿化图2

（图片来源：由金湾区住房和城乡建设局提供）

5.3.3 机场东路美化绿化提升工程一期

1. 项目概况

机场东路位于金湾区坭湾门水道西岸，是珠海机场通往市区的主要干道。原道路未设计排水管网，路面雨水未经处理就近排入坭湾门水道，对河道水质带来一定影响。同时，岸带绿化及堤防等设施在2017年“天鸽”台风中遭到不同程度的破坏，亟须灾后重建。本项目范围为机场东路东侧海堤一号闸到三号闸岸线，总设计长度6.4km，设计宽度从道路机动车道红线至海堤边，约40～60m，总设计面积为34.5万m^2。项目于2017年12月启动建设，于2018年11月完工。

2. 海绵城市建设指标

（1）年径流总量控制率不低于70%；

（2）年径流污染控制率（以TSS计）不低于50%；

（3）内涝防治标准不低于30年一遇；

（4）与道路排水、景观绿化等设计结合，与周边环境协调，打造海绵城市特色景观；

（5）设置合理的富余调蓄容积，减少区域洪涝风险。

3. 技术路线

（1）在机场东路沿线设置每隔25m设置一处路牙开口，通过将该段范围内机场东路沿线的雨水先引流至植草沟及雨水花园等设施内，再通过地势传输排入生态排洪渠，末端汇入1号主排河及中心河后海，从而完善机场东路东侧机动车道的雨水排放路径。

（2）在场地宽阔且地势较低的绿地区域内布置雨水花园，雨水花园不仅作为景观观赏空间，暴雨时还可起到调蓄错峰作用，降低场地及机场东路区域洪涝风险。

（3）在人流量较大的区域，如球场、广场等下垫面径流污染较严重的区域，在其四周布置滞留式植草沟，对场地的雨水净化后再汇入生态排洪渠内。

（4）在场地下方设置雨水调蓄池，位置根据场地空间及回水利用需要布置，对汇水分区内的雨水进行调蓄控制，并可作为附近建筑杂用水、道路冲洗及绿地浇灌使用。

（5）绿道和健身步道贯穿场地，通过绵延6km的透水铺装，打造出独具海绵特质的生态滨海公园。

机场东路海绵城市技术路线图如图5-53所示。

4. 建设效果

本项目从打造金湾区情侣路的愿景出发，提取珠海本地沿海景观风物特色，以海绵城市控制指标和现有问题为抓手，留足休憩活动空间，服务周边居民群众，雨水收集净化后回用于绿化浇洒等，最终将机场东路打造成为一条既有面子又有内涵的海绵城市道路改造示范项目（图5-54～图5-57）。

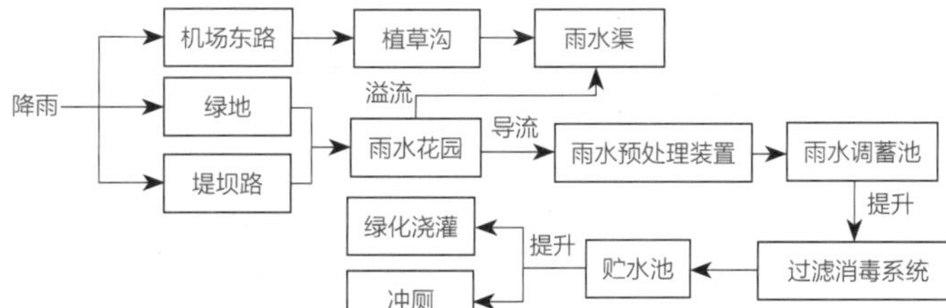

图5-53 机场东路海绵城市技术路线图

（图片来源：由金湾区住房和城乡建设局提供）

（*a*） （*b*）

图5-54 机场东路改造前现场照片

（*a*）改造前联围堤防及沿海防护林实景1；（*b*）改造前联围堤防及沿海防护林实景2

（图片来源：由金湾区住房和城乡建设局提供）

图5-55　机场东路改造后俯瞰图

（图片来源：由金湾区住房和城乡建设局提供）

图5-56　机场东路新建生态排洪渠断面实景图

（*a*）　　（*b*）

图5-57　机场东路新建透水铺装及雨水回用设施

（*a*）机场东路新建透水铺装；（*b*）雨水回用设施

5.3.4　中航花园（二期）

1. 项目概况

中航花园位于西部中心城区金湾区，东临金城路，西至金鑫路，北到依云路，南到山湖海路，二期用地约6.09万m^2。

中航花园（二期）于2017年开始建设，2018年完工，规划定位为高品质住宅小区，绿化率达到52.8%。

2. 海绵城市建设指标

（1）年径流总量控制率不低于75.5%；

（2）年径流污染控制率（以TSS计）不低于55.4%；

（3）排水标准不低于3年一遇；

（4）内涝防治标准不低于30年一遇。

3. 技术路线

项目海绵城市建设工程主要内容包括雨水花园、下凹式绿地、植草沟、透水铺装和雨水调节塘。项目主要的设计思路如下：

（1）屋面雨水通过断接立管引入附近的雨水花园、下凹式绿地进行消纳；道路雨水通过竖向找坡，引至附近绿地内的植草沟，通过植草沟传输至雨水花园、下凹式绿地进行消纳。

（2）项目东北侧广场采用透水铺装，保证降雨时地面不产生积水，雨后最短时间内可以恢复使用。

（3）项目中央整个水系作为雨水调节塘，通过项目内的雨水管网，将场地雨水传输至水系中，对项目范围内雨水进行滞蓄，并利用雨水进行补水，节约水资源。项目本身建有地下车库，景观水体利用有限空间，在景观湖内设置盆栽水生植物、推流曝气装置以及生物毯，构建水生态系统并提升自净能力，起到活水保质的作用，其余区域雨水通过雨水花园净化后经市政管网排出。

（4）场地道路竖向高程设计均高于周边市政道路，暴雨期间可利用路面作为临时行泄通道排除雨水。同时，首层室内地坪标高均高于室外道路0.5m以上，保障小区不发生内涝。

4. 建设效果

中航花园（二期）作为金湾区较早实施海绵城市建设改造的建筑小区，不仅很好地将海绵城市建设理念融入建筑小区的设计与施工，实现了海绵城市建设目标要求，同时针对业主较担心的景观效果问题，也通过自身的实践交出了满意的答卷，使居民拥有很强烈的获得感（图5-58）。本项目不仅为珠海市新建小区海绵城市建设树立了样板，同时也为老旧小区改造中的海绵城市建设提供了参考。

（a）

（b）

图5-58 中航花园（二期）海绵城市建设一角

（a）雨水调节塘；（b）雨水花园

5.3.5 金山公园

1. 项目概况

金山公园位于金湾区航空新城核心区，北临金湖大道，东侧至迎河东路，西至迎河西路，南至金山大道，周边有广东科学技术职业学院、金湾区人民法院、龙光玖龙府小区、中航花园小区、湖城大境小区环绕，项目总面积约10万m^2。

项目于2014年开始建设，2016年完工，公园规划设计以纽约中央公园为参照，以新城绿肺为设计目标，整个公园的绿化率达到87.25%。作为整个航空新城片区最早开始建设的大型公共空间项目，项目通过系统治理的海绵城市建设思路，服务公园及周边市政道路，完工后即成为周边居民休闲娱乐的首选去处，同时也提升了航空新城核心区的城市韧性，提升了项目应对暴雨及台风等极端天气的能力。

2. 海绵城市建设指标

（1）年径流总量控制率不低于93.5%；

（2）年径流污染控制率（以TSS计）不低于60%；

（3）排水标准不低于3年一遇；

（4）内涝防治标准不低于30年一遇。

3. 技术路线

（1）超大型中央草坪的下凹式绿地设计。项目遵守自然做功、自然排水的原则，结合景观造景对地形的需求，对场地竖向进行合理化设计，以满足雨水径流有序排放。超过2.5万m^2的中央草坪竖向采用从四周向中心缓坡下凹约1m，在东西两侧设置植草沟作为雨水传输通道，调蓄空间集中在下凹部分，草坪不易受积水影响生长，兼顾低影响开发设计和居民活动空间。

（2）中央草坪两侧慢行步道系统雨水花园设计。慢行步道采用透水铺装设计，在中雨、小雨时发生时，地面雨水可快速下渗排走，能够有效消纳周边降雨径流，不会产生径流，可确保居民漫步通行时鞋子基本不会被打湿。

（3）整个中央草坪通过雨水管网与市政雨水管网衔接为市政雨水管网服务范围提供超标雨水调蓄空间。在暴雨时，管网难以排除的超标雨水在金山公园内进行滞蓄，雨后24h内公园内的积水通过管网和渗排管排除，极大提升了周边区域管网内涝排除能力。

4. 建设效果

在金山公园建设之前，传统的大型广场设计理念是大面积石材铺装，中间点缀堆高绿地、城市家具和建筑小品。金山公园在城市中保留了自然生态绿廊，将大面积的活动空间设计为中央下凹草坪，园区整体融入低影响开发设计理念，既有自然美学欣赏价值，为人民群众提供了充足的体验生态自然的空间性，同时还兼顾市政临时泄洪功能，在珠海市开创了大型公共空间海绵城市设计的先例，具有很高的推广示范价值（图5-59、图5-60）。

5.3.6 中心河堤岸及滨水湿地公园

1. 项目概况

中心河位于航空新城核心区南端，是航空新城核心区的末端受纳水体。本项目位于航空新城中心河北岸，西起双湖路，东至机场东路，驳岸长约2.5km，占地面积约18.8万m^2，场地未开发前为桑基鱼塘（图5-61）。公园致力于打造原生态的湿地公园，在设计及施工过程中尽可能地保留原有现状湿地植被及桑基鱼塘，同时注重雨水收集、自然积存、自然净化和水生态循环，通过建设湿塘、表流湿地及利用中心湖的调蓄空间，将航空新城片区的地块雨水统筹进行控制和处理，体现了系统治理的海绵城市建设理念。

项目总体分为二期，其中一期工程为中心河堤岸及景观工程，已于2016年完工；二期工程为中心湖补水工程，已于2019年初完工。

2. 海绵城市建设指标

（1）年径流总量控制率不低于93.5%；

（*a*）

（*b*）

图5-59　金山公园实景图

（*a*）公园俯瞰图；（*b*）公园周边雨水花园

（图片来源：由金湾区住房和城乡建设局提供）

（2）年径流污染控制率（以TSS计）不低于60%。

3. 技术路线

（1）堤岸整体的放坡设计。堤岸整体竖向采用从北至南缓坡向下，将场地雨水通过植被缓冲带净化后引入桑基鱼塘改造的湿塘中，对场地周边雨水进行收集净化；草坪不易积水影响植物生长，兼顾居民休闲及活动空间。

上午9:30　暴雨刚停效果

上午10:30　暴雨后效果

下午2:30　暴雨后效果

图5-60　金山公园2018年“艾云尼”台风期间雨水滞蓄情况

（图片来源：由金湾区住房和城乡建设局提供）

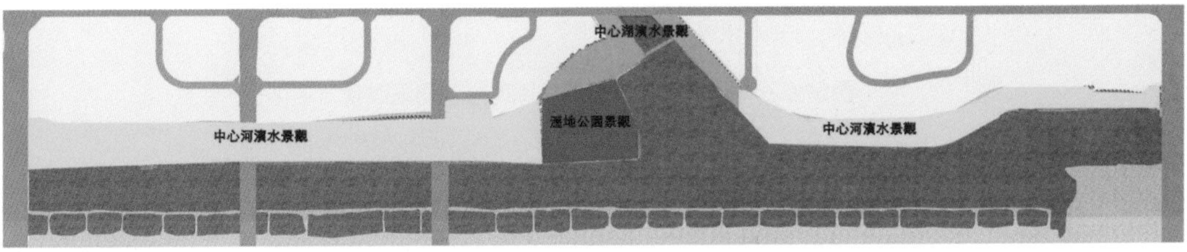

图5-61　中心河堤岸及滨水湿地公园项目地理位置及范围

（图片来源：由金湾区住房和城乡建设局提供）

（2）桑基鱼塘在保留了本底形状及植被的基础上，通过底泥清淤及生态修复等措施改造为湿塘，用于航空新城片区雨水的调蓄与净化。

（3）休闲步道采用透水铺装设计，实现“小雨不湿鞋”。

（4）堤岸护坡的整体设计高程在0.6～3.1m之间，大部分低于中心河百年一遇水位2.7m，在暴雨等极端天气时可作为泄洪场地，保证中心河水位上涨至百年一遇时不影响周边道路及地块，降雨过后可恢复其使用功能。

（5）市政雨水排口处设置前置塘，对片区雨水进行预处理。

（6）设置中心湖补水湿地，通过1号泵站抽取中心河河水及湿塘水进入梯级表流湿地处理净化后，经2号泵站将湿地水抽入中心湖，为中心湖进行生态补水，形成水循环净化系统。

4. 建设效果

中心河堤岸及滨水景观工程中贯彻保留自然生态的设计理念，将大面积的活动空间设计为植被缓冲带，驳岸绿地整体融入低影响开发设计理念，既给人民群众提供了充足的体验生态自然的空间，同时还兼顾雨水净化及市政公用排涝功能。同时，本项目亦是金湾区海绵城市建设的科普基地，项目内设置了中心河堤岸工程及补水湿地的科普宣传栏，将海绵城市建设理念向公众进行宣传推广。改造前后的实景图如图5-62～图5-64所示。

（*a*）

（*b*）

图5-62　中心河堤岸滨水空间改造前现场照片

（*a*）改造前的桑基鱼塘；（*b*）改造前的规划绿带与水体

（图片来源：由金湾区住房和城乡建设局提供）

（*a*）

（*b*）

图5-63　一期中心河堤岸完工现场照片

（*a*）改造后俯瞰图；（*b*）改造为湿塘、步道的桑基鱼塘与基围

（图片来源：由金湾区住房和城乡建设局提供）

（*a*）

（*b*）

图5-64　二期中心湖补水湿地完工现场照片

（*a*）表流湿地；（*b*）湿塘

（图片来源：由金湾区住房和城乡建设局提供）

第6章

联围感潮河网地区海绵建设特色与经验

- 6.1 梳山理水，保护金湾现有生态安全格局
- 6.2 守护水脉，推动鱼米之乡向生态水城转变
- 6.3 整体推进，三大汇水分区系统整治提升
- 6.4 广开思路，汇聚多方力量共建海绵城市
- 6.5 系统施策，增强城市抵御洪涝灾害的“弹性”和“韧性”
- 6.6 专业协同，挖掘海绵城市建设综合效益

6.1 梳山理水，保护金湾现有生态安全格局

金湾区最初的地形地貌，红旗镇以南区域原为珠江入海冲积滩涂，三灶镇原为海岛。自从20世纪五六十年代开始围垦造地，逐步将红旗镇和三灶镇之间的海域围垦改造成为成片陆地，并在鸡啼门水道、大门口水道、坭湾门水道上围垦形成大面积的人工鱼塘，最终形成了大大小小的人工和自然水道密布、绿地带状联系的自然生态格局。

金湾区的河湖水系密布，东西向主要有1号主排河、中心河、西湖及3号主排河、三灶镇北排河及南排河；南北向主要有红旗河及其通往鸡啼门水道的多条河涌、中央水系，以及金湾区最主要的内河——大门口水道。主要特点是水道纵横密布，水系相互连通、水质总体情况较好，较多河涌通过闸口与通海外河直接连接，对河道的水质、水环境要求较高。

金湾区在河湖水系一些重要节点，结合原有丘陵、水体、滩涂及排洪渠周边，规划建设了多处绿地、湿地，比如大门口湿地公园、西湖湿地公园、金山公园、1号主排河湿地公园、白藤山生态修复湿地公园、中心河生态堤岸湿地、B片区河道堤岸绿带、机场东路绿化美化工程等。主要特点为，绿地成片成带分布，充分预留了生态廊道和绿色空间。金湾区海绵城市建设试点范围周边，具有丰富的水网和绿地空间，建成区与绿地水系空间间隔较近（图6-1），可以通过竖向重力衔接或水泵动力提升的方式，将建成区与水系绿地的降雨径流联系成为一个整体。首先要保护好现有的生态格局和蓝绿空间，才能为建成区海绵城市建设创造好外部自然生态“大海绵”的基础条件。

将金湾区生态格局分布及地形地貌分布进行结合分析，可以从宏观层面看出金湾区海绵城市建设的侧重点。

北侧以平坦的入海口冲积地貌为主要地形地貌特征，仅在红旗镇白藤山有较大范围的山体。应持续推进金湾区小河涌整治计划、“五河十岸”的生态景观提升工程以及河道疏浚工作，畅通北部河网水系，实现活水畅流，保障区域养殖、灌溉等用水需求。区域内小林工业园尚在发展阶段，工业生产污水、废水排放较少，水环境面临问题主要以农业饲养富营养化的面源污染为主，但仍需严格管控工业生产废水排放对生态环境的影响。对红旗镇老城区，位于白藤山北麓，由于建设年代较为久远，城区内预留绿色空间较少，易受到山洪内涝影响，因此红旗镇区域的海绵城市建设更应突出解决水安全问题，其次解决环境污染、雨污合流带来的水环境问题，水生态指标可以通过末端1号主排河湿地公园的系统性治理统筹实现。

图6-1　金湾区水系绿地总体分布图

金湾区南部三灶镇区域，山林密布，主要由茅田山、黄竹山、眼浪山、大岭山、观音山、圣堂山、拦浪山、轿顶山等组成山林生态基质。利用山体形成自然地标体系，严守林地生态控制线；坚持生态优先原则，通过林相改造、补植等工作，完成茅田山森林公园、观音山郊野公园、小林山郊野公园的建设工作，充分发挥南部山林生态翼的社会效益和环境效益。对于人居环境而言，三灶镇多山，一是山体高低落差较大，因此降雨时易形成山洪；二是山脚河边适宜进行生产生活的平缓土地空间有限，经过多年建设开发，竖向上位于低点的绿色空间有限，城中村内雨污分流改造空间局促，使得该区域的海绵城市建设条件更为复杂苛刻。该区域海绵城市建设的主要内容首先应侧重于由于山洪引起的内涝疏解和防治，其次是城中村环境较差及合流制排水系统带来的点源、面源污染问题，岸上治理效果初显后，接下来治理水环境问题则事半功倍。

根据金湾区山水林田湖等生态要素现状和生态敏感性评价结果，对山、林、草、江、河、湖、海等自然生态要素及老城、联围、基塘等承载着城市发展历史与文化记忆的人文生态要素进行梳理，本着区别对待、分类治理的原则，对完好的或基本完好的通过规划管控、蓝绿线划定等进行严格的原位保护；对于受破坏的，则采用封闭管控，阻断人为影响与破坏，由大自然发挥自我修复能力进行修复，或辅以人工适当干预的综合治理手段；对已受破坏的河湖岸线、山林湿地等要素进行生态修复；在城市发展过程中严格落实海绵城市建设理念，在建筑小区、道路广场、河湖水系、公园绿地等项目中因地制宜地采取各类低影响开发措施与设施，使城市开发建设后的水文特征接近开发前，维护并努力增强城市良好的生态功能。专项规划提出，构建以大门口水道生态安全轴为一轴、以北部水乡生态翼和南部山林生态翼为两翼，以大门口水道湿地公园、海澄村屋头龙水库、红旗矿山湿地公园等为多点的“一轴、两翼、多点”蝶形生态安全格局，不仅尊重、保留了金湾区的河湖水系的原有框架体系，后续规划建设中河湖水系的生态修复与重新自然化提供了依据，还保护了凝结着岭南水文化的联围与基塘，为传承水文化、铭记乡情与乡愁、新时期发展水文明奠定了坚实基础。

综上，金湾区海绵城市建设的重要经验，在于首先对金湾区的自然生态条件进行梳理和生态敏感性评估，分析得出各个区域不同的自然生态环境差异、存在问题；然后按照构建都市尺度的海绵城市格局原则，有针对性地提出保护、修复对金湾区具有重要意义的水系、湿地、山体等“大海绵”生态大格局；最后再在项目层面上精准施策，系统解决当地最突出的水安全、水环境、水生态、水资源问题，而不应机械地将“渗、滞、蓄、净、用、排”等措施无差别地应用于各个工程项目上。

6.2 › 守护水脉，推动鱼米之乡向生态水城转变

金湾区滨水而生也倚水而兴，渔业发展基础条件得天独厚，无论是海洋渔业还是淡水渔业均比较发达，是名副其实的鱼米之乡。改革开放40多年来，金湾区渔业发展取得巨大的成就，其中，淡水渔业的发展由来已久，富有岭南文化特色的桑基鱼塘及衍生发展的蔗基、果基或菜基鱼塘密布，2017年金湾区淡水养殖产量16736t，居珠海市第二名，是城市居民重要的菜篮子。海洋渔业发展条件得天独厚，作为珠江三角洲形成最晚、位置最靠前的陆域之一，本身就是大陆架的一部分，近岸海域不仅具有大陆架常有的水域较浅、光合作用明显、水体混合充分

等特点，还具有多数沿海城市海域不具有的优势。比如珠江八大口门中的崖门水道、鸡啼门水道、磨刀门水道3个分别位于金湾区两侧和辖区中央，入海口宽而密集。3个口门每年入海水量合计超过1000亿m^3，其中仅磨刀门水道在2020年的入海水量就达到969亿m^3，不仅造就了金湾区咸淡水资源丰富，还向海中输入大量的有机、无机营养物质，为饵料生物的大量繁殖提供了充足的支撑，是包括鱼、虾、蟹、贝等多种海洋生物产卵、索饵、生长、洄游、栖息的优良场所。据多年调查资料，河口区水域采集到鱼类154种，浅海水域采集到鱼类119种，两水域均以鲈形目和鲱形目种类占较大优势，并逐渐形成了黄立鱼省级现代农业产业基地。但由于近岸生产建设和河口水生态环境质量要求，需要对传统的渔业农业生产进行转型升级，为此就必须要有足够的优质水环境予以保障，这也是金湾区海绵城市建设的目的和意义所在。

6.2.1 以海绵城市理念为指导，重塑生态化河湖水系

金湾区的河湖水系是金湾赖以生存、永续发展的血脉，金湾区全域推进海绵城市建设管控，要把养育了金湾人、见证了金湾诞生与发展、孕育了金湾水文化的水脉保护好、守护住，把人与水和谐共生共荣的文化传统发展下去。

海绵城市建设之初，在对金湾区河湖水系进行梳理的基础上，研究提出了落实海绵建设与保护金湾水脉双赢的目标思路——以现有河湖水系为框架，构建都市生态安全格局。明确要把天然河道冲沟及围垦中形成的河湖水系全部作为城市未来的生态血脉与根基予以保留。重点加强修复和治理水系的水生态，尽可能恢复河道的自然形态，保护和修复湿地、湖泊，丰富生物栖息地类型和物种多样性，净化水质，改善景观，修复良好的水生态基底。

对于老城区水系，进行保护性修复，原则维持老城区河道现有基本形态，通过垂直绿化等方式适当生态化改造垂直驳岸，在水面开阔的地方修建人工湿地，或与周边园林、绿地水系相结合，形成拟自然生态的河道岸线；定期组织清淤疏浚，恢复河道水体自净能力和环境容量。

对于新开发区域的河道、湖泊、湿地，严格管控蓝线绿线，规范开发建设活动，防止现有水面面积减少，提高水体蓄排能力，防止水质污染，改善生态环境；在保证防洪安全的前提下，合理设置自然弯曲河段和滩涂小岛，尽可能恢复河流的自然形态。合理设置护岸坡度和选择护岸材质，配置相应的植被群落，形成从水生植物、湿地植物到陆地植物的自然过渡，在景观上形成滨水湿地、亲水坡地和平台、水岸林带等层次丰富的效果，发挥河岸和水体之间水分交换和调节功能，为动物栖息和植物生长创造生态空间，为居民提供舒适的城市景观与休闲

游憩的公共空间。

对于近岸海域，积极开展污染综合治理专项攻坚工程，除加强陆域面源污染和点源污染治理外，严格执行《珠海市养殖水域滩涂规划》关于禁止养殖区、限制养殖区和生态红线区的管控规定，进一步优化海水养殖布局，推动绿色养殖、健康养殖、深海养殖及海洋牧场等方式，强化对养殖尾水污染治理，积极引导、支持海水养殖业加快转型升级，切实保护好天然、绿色、环保的渔场，打造珠海人乃至大湾区的自然“鱼仓”。

6.2.2 以传承农水文化为根本，培育城市水生态文明

在构建“五位一体”生态文明建设和发展“两山”经济的时代背景下，金湾的传统水文化随着海绵城市建设的推进，逐步被赋予新的内涵，不再是向水要更多鱼、向田要更多粮，而是转为以保护水生态、提升水环境、恢复水系自然风貌为主要手段，向水要生态效益、环境效益、社会效益的新发展模式。因此，金湾区的海绵城市生态新区建设时代，河湖水系的功能定位也发生了转变，由过去生产鱼米解决人类温饱的生产场地，转变成为本地水栖动植物自由成长的舒适家园以及居民能亲身感受和体会的更优美、更高附加值的生态产品和环境产品。金湾人与水的关系，由传统向水要鱼、向田要粮为主的保护+索取模式，演变为恢复水生态、保护水环境为主的反哺+共荣新模式。城市软实力随着生态环境的改善而快速发展，区域对人才、资本的吸引力倍增，生态文明成为支撑金湾区长远发展的根基。传统农水文化、渔业文化与现代的都市文化在金湾生态建设过程将会持续交汇碰撞，在金湾区生态文明建设过程中不断积累、沉淀都市的时代气息与隽永内涵，孕育出富有大湾区特色的山、海、城、人、水和谐共生，经济发展与生态建设长久共荣的都市田园水文化。

6.3 整体推进，三大汇水分区系统整治提升

金湾区海绵城市试点范围内，主要水系有3条，1号主排河从正中间自西向东横穿海绵试点区；中心河作为示范区分界线位于示范区南侧，自西向东排入坭湾门水道；新建一条中央水系，从南向北连通中心河、1号主排河及三板河，构建了示范区22.7km^{2}内一纵两横的水系格局。

这三条河道各自汇水分区，各有不同的下垫面建设条件，并由三个不同的建

设单位分别进行整体规划建设，项目范围清晰，海绵城市建设责任明确，为金湾海绵城市建设创造了良好的管控条件。

6.3.1 优势一：项目空间界限清晰，便于平行推进与效果对比

三大汇水分区，以双湖路和金湖大道，这两条市政主干道为界，三家不同承建单位分别负责1号主排河汇水分区海绵城市建设、中央水系汇水分区土地一级开发及市政公共空间的海绵城市建设包括双湖路海绵城市建设，以及中心河汇水分区土地一级开发及市政公共空间的海绵城市建设包括金湖大道东段的海绵城市建设。优点在于项目范围各自独立，工程建设、考核验收不会产生工作交叉，便于金湾区海绵城市建设管理部门对试点区建设的管理和考核。

6.3.2 优势二：项目整合打包建设，采用新的建设模式

整合后，金湾区1号主排河汇水分区海绵城市建设项目将源头削减项目（小区、公建、道路、公园低影响开发）、过程控制项目（管网提标、雨污分流、新建污水管网、雨水泵站建设）、末端治理项目（三板河河道整治、1号主排河河道整治、1号主排河人工湿地）打包成为金湾区海绵城市建设PPP项目。该片区1号主排河要求达到地表Ⅳ类水水质要求，片区源头海绵城市建设与改造达到规划相应年径流总量控制率、雨水排放重现期、消除水浸点等要求。

中央水系汇水分区由中铁建珠海投资开发有限公司整体一级开发。珠海大道南侧整体新建，代建单位主要承担所有市政基础设施建设，因此所有道路、公共空间、雨水、污水管网均按海绵城市建设要求进行建设。珠海大道北侧，由于源头地块不便进行源头地块的低影响开发建设（新建小区+低绿化率民营工厂），因此主要进行公共空间的海绵城市建设，包括道路海绵化改造、市政管网提标、中央水系连通整治、三板河综合整治，项目类型涵盖海绵城市建设全过程。

中心河汇水分区，由华金公司作为一级开发代建单位对场地进行整体开发。目前片区内主要市政路网及市政综合管线已基本建设完毕，正在进行市政支路及综合管线的建设。东侧地块近几年已建成较多新建居住小区。西侧尚在开发过程中。该分区已实施了金湖大道海绵城市建设、五大中心片区海绵城市整体建设、金山公园、中心河堤岸湿地公园等海绵城市项目，雨水管网均按照3年一遇标准进行建设。区海绵办已要求华金公司在建和待建的市政项目均按照海绵城市要求进行设计。中心河汇水分区除东侧新建小区短期内难以实施海绵改造外，能够实现片区整体海绵管控。

6.3.3 优势三：海绵城市建设思路各有侧重，充分试验实践和总结提炼典型做法

1. 1号主排河汇水分区海绵城市建设思路

（1）结合老旧城区积水内涝改造迫切需求进行海绵城市建设；

（2）对老旧小区、市政道路进行海绵低影响开发+城市更新；

（3）对市政管网进行雨污分流、提标改造，对难以进行排水能力提升的雨水管渠设置强排泵站；

（4）海绵控制指标主要通过源头地块改造和末端设置湿地、湿塘来实现。

2. 中央水系汇水分区海绵城市建设思路

（1）南区完全指标管控，所有新建土建项目均要求按《金湾区海绵城市建设专项规划》要求，进行海绵指标管控；结合水系建设，合理利用竖向和末端排口处理设施，综合利用源头、过程、末端共同实现海绵控制指标；

（2）北区以道路管网雨污分流提标改造、道路海绵改造及水系整治为主，源头地块海绵改造结合后续城市更新项目实施。

3. 中心河汇水分区海绵城市建设思路

（1）东侧以公共空间、水系的海绵城市建设，实现片区海绵控制指标达标；

（2）西侧未开发区域严格执行指标管控。

综上，金湾区将项目按汇水分区打包，根据各自汇水分区的自然禀赋情况因地制宜开展工程实施，保证了片区海绵城市建设目标的合理性和可达性；各个分区互不干扰，独立考核，保证了项目推进的有效性。这是金湾区海绵城市建设的第三个成功经验，为金湾区甚至珠海市下一阶段全域推广海绵城市建设，提供了多种类型的项目打包经验，更有利于项目实施。

6.4 › 广开思路，汇聚多方力量共建海绵城市

金湾区海绵办超前谋划海绵城市试点建设项目，大胆创新建设模式，发挥财政资金的杠杆与放大作用，组织海绵城市建设要素和资源，通过多种渠道调动大量资金投入海绵城市建设中来，为试点项目的顺利实施提供了坚强有力的保障与支撑。同时，还积极引进海绵城市产业链上下游企业入驻金湾，借助海绵城市试

点的东风，积极探索绿色经济转型。

6.4.1 用好中央财政专项补助资金示范作用

严把上级资金补助项目入口关，对华发、格力、航空城集团等代建的项目进行认真梳理筛选，并组织专题会议研究分析，确保上报的补助项目选好、选优，努力争取更多上级专项补助资金助力金湾海绵城市试点项目建设。项目实施过程中，根据项目推进情况，严格支付程序，及时拨付进度款，优先使用补助资金，充分发挥了中央补助资金的效益，缓解了地方财政资金压力，保障了试点项目的建设资金需求。

6.4.2 强化地区财政资金保障与引导作用

将试点区内政府投资项目配套建设的海绵设施费用纳入金湾区年度财政预算，由区财政资金统一保障。对于使用中央专项补助资金的政府投资项目，由区财政部门负责，确保地方配套资金及时足额到位。由财政资金兜底，切实保障了基础公用设施项目海绵设施建设的资金需求，充分发挥财政资金在海绵城市建设中杠杆撬动与引导示范作用，吸引更多社会资金投入海绵城市建设中来。

6.4.3 采用PPP模式吸引社会资本

金湾区在海绵城市建设之初，成功打包20个试点项目推行了PPP建设模式，由合作公司负责融资。PPP项目成功运作，政府投资项目总投资30%，撬动社会资金参与剩余70%项目投资。对于区财政资金，不仅节省了海绵城市建设初期庞大的投资支出，降低短期筹集大量资金的财务压力，减轻财政负担，还可以锁定项目运行费用支出，提高财政预算的可控性，有利于政府降低地方债务风险，保证区财政资金对海绵城市建设的长久、持续投入。

6.4.4 提高土地一级开发的收益

对于按照“合作开发”原则实施的珠海西部中心城土地一级开发整理片区，由原代建单位统一实施海绵城市建设。由于代建单位总体管理水平较高，技术力量较强，通过植入海绵城市建设理念，规划设计期间就注重灰绿统筹、蓝绿融合，重点优化竖向设计，营造灵动景观，预留排涝通道与调蓄空间，提高排水管渠配套标准，直接为排水分区打造完善的海绵城市框架体系，确保海绵城市建设呈现连片大型化、区域系统化特点。海绵城市项目实施后，显著提升了区域景观品质，改善了片区生态环境条件，为二级开发阶段预留了充裕调整与机动空间，不仅可促进土地资源快速流动盘活，还可以提高土地附加值，确保区政府在土地交易中获得更大收益，为保证金湾区的海绵城市建设筹备更大财力。

6.4.5 调动社会资本积极参与

对于社会资本，一方面出台文件明确政府和企业的责任分工，加强项目“一书两证”和验收环节的管控，督促社会投资项目按照海绵城市专项规划要求开展各自红线范围内海绵设施配套建设，落实地块海绵城市建设指标，确保应由市场经济承担的海绵设施建设，由社会投资解决，节约了财政资金；另一方面宣传珠海市《关于印发海绵城市建设社会投资项目财政专项资金管理办法的通知》（珠海绵办〔2017〕96号）政策文件，鼓励符合条件的社会投资项目加快推进海绵城市建设，积极申请争取上级专项补助资金，通过补助政策引导社会投资积极参与海绵城市建设。

6.4.6 政策引导海绵城市产业链落地金湾

鼓励社会资本参与海绵城市建设，其中珠海市荣立新型建材有限公司于2017年6月成立，引进核心技术具有国际领先水平的全自动混凝土制品生产线，并注重研发创新，获得国家实用新型专利14项，不仅为金湾海绵城市建设，还为雄安新区生态城市建设提供了优质透水铺装材料。企业在海绵城市建设浪潮中诞生，随着海绵城市建设的推进而同步成长，不仅作出了贡献，还扩大了就业，创造了财富。

6.5 系统施策，增强城市抵御洪涝灾害的“弹性”和“韧性”

海绵城市建设是城市规划建设领域的新理念，是践行生态文明思想的重要举措，通过系统思维，在严格保护并合理利用城市自然山体、河湖湿地、耕地、林地、草地等生态空间的基础上，科学将海绵城市理念融入建筑小区、道路广场、公园绿地、河湖水系等项目中，全方位提升城市蓄水、渗水和涵养水的能力，实现水的自然积存、自然渗透、自然净化，促进形成生态、安全、可持续的城市水循环系统，使城市能够有效应对内涝防治设计重现期以内的强降雨。金湾区在海绵城市建设试点过程中，基于大湾区联围感潮河网地区的水文、气候、地质地貌等特点进行了研究探索，总结提出了一系列提高城市“弹性”和“韧性”，有效抵御洪水、涝水、潮水等自然灾害的设计思路与通用做法。

6.5.1 蓝绿灰融合是城市防治洪水、涝水、潮水灾害的有效路径

金湾区作为大湾区联围感潮河网平原地区最南端、地势低的城区之一，在海绵城市建设中，为有效抵御由强降雨、珠江上游洪水、风暴潮甚至相互叠加带来的洪涝灾害，研究提出了蓝绿灰相融合，共同抵御洪水、涝水、潮水灾害，实现“三水”共治，保障城市水安全的思路与办法。其中，蓝色设施是通过河湖水系综合整治与打通，大幅度拓展流域层面的行洪、蓄滞洪空间，为超标雨水留好蓝色的出路与空间；绿色设施是通过将海绵城市建设理念融入建筑小区、道路广场、公园绿地等源头项目特别是景观绿化专业工程中，构建起项目尺度内涝防治基础，通过项目绿色海绵设施对雨水的吸纳与缓释，实现地块层面对降雨的削峰错峰功能；灰色设施是传统的工程措施，不仅包括适当提高建筑小区的场坪标高，提高其防涝能力，修复或配套建设雨水管渠，提高对区域雨水的转输能力，还包括堤围联围的加固与加高、河口水闸和强排设施的配套与提标，强化防范外江洪水、风暴潮倒灌能力和雨水强排能力。事实证明，通过蓝绿灰相融合，可较好实现对区域内源头减排、雨水管渠控制、河湖水系排涝防潮等各级各类防洪排涝防潮设施的统筹与协同，有效提高区域流域防洪排涝能力与安全系数，可为珠江三角洲联围感潮河网平原地区城市保障水安全提供参考与借鉴。

6.5.2 工程措施和生态措施融合是实现海绵城市建设目标的有力保障

海绵城市建设是从雨水降落到城市下垫面开始贯穿源头、过程、末端的一种全过程的生态治水理念，应结合项目的实际情况和规划指标，灵活选择经济适用的工程措施或生态措施组合，共同发挥效能，以达到海绵城市建设目标。工程措施是各类海绵设施中为实现海绵城市“渗、滞、蓄、净、用、排”功能而采用的工程技术或机械设备等手段，主要包括海绵设施涉及的土石方挖运、介质土换填、溢流井砌筑、调蓄设施与管网敷设等，需要通过增加投资来支撑与保障，是落实海绵城市规划目标、海绵城市建设指标的重要物质支撑；生态措施是将生态的、环保的、自然的理念要求融入工程项目、生态空间的建设或提升中，科学选

用河道驳岸敞开式、堤岸生态化、广场公园化、暗渠复明且断面自然化等基本不需增加投资的措施手段，代替传统的不透水、不透气的浆砌护岸（坡）、三面光渠体、石材满铺等做法，实现河（渠）水的自然流淌，水和大地间能量与物质的自由交换，把河湖水系打造为“蓝色大海绵”，把公园广场打造为能透水、会呼吸的“绿色大海绵”。因此，海绵城市建设过程中，应坚持因地制宜，生态措施与工程措施相融合的原则，才能构建起经济合理、简洁适用的全流程雨水管控系统。

6.5.3 管理数据融合是放大海绵城市建设效应的重要举措

现行城市管理体制下，不同专业的海绵城市设施建成移交后，分别由水利、市政排水、公园绿化、道路、业主（建筑小区）等管养单位运行维护，易导致海绵设施运行的碎片化，制约海绵城市建设效果的系统化水平。金湾区在海绵城市建设过程中，通过建设监控平台有效解决这一问题。利用新一代信息技术建设监控平台，通过监测布点，可实现对不同项目、不同位置数据的实时观测、采集，并通过平台实现对数据的评估分析，为海绵设施运行管控提供基础支撑，实现不同部门间海绵城市数据的实时共享。通过监控平台，在不打破当前城市管理体制下，较好实现了海绵城市管理的信息数据交流与共享，不仅可提高海绵设施管理质量，还可发挥海绵设施运行的协同水平，实现不同行业、专业、项目间海绵设施在提高城市防治内涝方面1+1＞2的系统化效应。

6.6 › 专业协同，挖掘海绵城市建设综合效益

海绵城市建设是一种先进的城市雨洪管理理念，不是新增专门的海绵城市建设工程，也不是在项目各专业设计完成后由海绵设计“打补丁”，把海绵设施生硬地嵌入绿地中，简单地把不透水面层改成透水面层，或为了海绵而配套建设调蓄设施，而是海绵城市理念提前介入，将理念融入项目中，融入排水、景观绿化、主体等专业设计中。通过各专业融合，重新优化场区雨水径流路径，将屋面雨水、地表径流组织排放到生物滞留设施、透水面层、调蓄设施或湿地湿塘中进行处理、利用或排放，实现雨水的源头减排、过程控制与系统治理，缓解设计标准内降雨导致的内涝，改善流域、区域水环境，修复水生态，提高安全的多重目标，提高投资的经济效益、环境效益、社会效益，甚至达到节资增效的目标。

6.6.1 方案优化，实现一个地块承载多项使用功能

通过海绵城市理念提前介入，梳理项目功能需求，根据项目用地及设施空间布局，灵活落实海绵城市建设理念，实现一地多能、一地多用。推动河湖水系重新自然化，不仅发挥河网水系行洪、蓄洪、滞洪、泄洪等基本功能，还承担起海绵城市重要的末端系统治理功能，净化水质，修复水生态，且具有滨水滨河休闲健身公园的功能；推动硬质广场公园化，用绿色草坪代替大面积的硬质铺装，不仅保留了广场的集结、交流等功能，避免了夏季高温环境下硬质广场开展活动的不舒适感，通过生态化建设，把生硬的广场建设成总体下凹的绿意盎然的绿茵草地，发挥大面积绿植对径流污染的消纳作用，和下凹绿地对径流雨水的滞蓄作用，使一块建设用地同时具备了广场、公园、绿色海绵的三项功能。做到不需要为海绵城市建设新增建设用地、新增项目，不仅可节约宝贵的土地资源，还可节约高额的拆迁补偿费用。

6.6.2 生态化设计，实现项目投资效益放大

传统河流整治与排洪渠建设模式相似，采用浆砌石或混凝土为主要材料，设计的河堤与渠壁线形笔直、墙身垂直，排渠往往底部也硬化为平直断面，仅仅满足快排、直排的行洪安全要求，不仅不生态，还要花费巨额资金购买砌筑材料。通过融入海绵城市理念，推动蓝线与绿线空间统筹考虑，一体化设计，实现河堤、渠壁生态化，横断面采用两侧大放坡的梯形，材料采用天然土壤及种植土，在相同底宽与深度情况下，增加了过水行洪面积，不仅可超额达到传统设计的行洪功能要求，消除沿线内涝积水点，还因护岸绿化拓展较大，造景有了更宽敞的空间，并可发挥生态缓冲带的功能。河底与渠底均不硬化，种植水生植物，适当设置浅滩与深潭，可在排水分区中较好发挥末端系统治理的功能，既保障了水环境，也避免将大量初雨或合流制污水输送至水质净化厂处理，可有效降低净水厂的负担，节约大量能耗。河湖水系中的雨水，不仅可回补地下水，还可用于水体景观打造，也可替代自来水，用于浇灌绿地、清洗路面等。

综上，海绵城市建设，通过理念的灵活运用，专业的高效协同，不仅可有效落实海绵城市目标与要求，还可直接实现节约集约利用土地，节约钢筋混凝土等材料、节约能源、节约水资源等多重目标，且可间接带动片区土地因内涝积水点的消除、生态环境大幅改善而升值，促进当地居民的房产资产等保值升值。

参考文献

[1] Lian X, Liu H, Peng M. The effect of wave–current interactions on the storm surge and inundation in Charleston Harbor during Hurricane Hugo 1989[J]. Ocean modelling, 2008, 20(3): 252–269.

[2] Lian JJ, Xu K, Ma C. Joint impact of rainfall and tidal level on flood risk in a coastal city with a complex river network: a case study of Fuzhou City, China[J]. Hydrology and Earth System Sciences, 2013, 17(168): 679–689.

[3] Tu X, Du Y, Singh VP, Chen X. Joint distribution of design precipitation and tide and impact of sampling in a coastal area[J]. International Journal of Climatology, 2018, 1(38): 290–302.

[4] Xu K, Ma C, Lian J, Lingling B. Joint probability analysis of extreme precipitation and storm tide in a coastal city under changing environment.[J]. PLoS ONE, 2014, 9(10): e109341.

[5] Xu H, Xu K, Lingling B, et al. Joint Risk of Rainfall and Storm Surges during Typhoons in a Coastal City of Haidian Island, China[J]. International Journal of Environmental Research and Public Health, 2018, 15(7): 1377.

[6] Liu Y, Xu Y, Han L, et al. River networks system changes and its impact on storage and flood control capacity under rapid urbanization[J]. Hydrological Processes, 2016, 30(13): 2401–2412.

[7] Schubert JE, Burns MJ, Fletcher TD, et al. A framework for the case–specific assessment of Green Infrastructure in mitigating urban flood hazards[J]. Advances in Water Resources, 2017, 108(10): 55–68.

[8] Liu S, Lin M, Li C. Analysis of the Effects of the River Network Structure and Urbanization on Waterlogging in High–Density Urban Areas—A Case Study of the Pudong New Area in Shanghai[J]. International Journal of Environmental Research and Public Health, 2019, 16(18): 3306.

[9] Zhang W, Cao Y, Zhu Y, et al. Flood frequency analysis for alterations of extreme maximum water levels in the Pearl River Delta[J]. Ocean Engineering, 2017, 129: 117–132.

[10] Silva L, Alencar MH, Almeida A. Multidimensional flood risk management under climate changes: bibliometric analysis, trends and strategic guidelines for decision-making in urban dynamics[J]. International Journal of Disaster Risk Reduction, 2020, 50: 101865.

[11] Nickel D, Schoenfelder W, Medearis D, et al. German experience in managing stormwater with green infrastructure[J]. Journal of Environmental Planning and Management, 2014, 57(3): 403-423.

[12] Bocanegra-Martínez A, Ponce-Ortega JM, Nápoles-Rivera F, et al. Optimal design of rainwater collecting systems for domestic use into a residential development[J]. Resources, Conservation & Recycling, 2014, 84: 44-56.

[13] Rentachintala LRNP, Reddy MGM, Mohapatra PK. Urban stormwater management for sustainable and resilient measures and practices: a review[J]. Water Science & Technology, 2022, 85(4): 1120-1140.

[14] Yang W, Zhang J, Krebs P. Low impact development practices mitigate urban flooding and non-point pollution under climate change[J]. Journal of Cleaner Production, 2022, 347: 131320.

[15] Bae C, Lee DK. Effects of low-impact development practices for flood events at the catchment scale in a highly developed urban area[J]. International Journal of Disaster Risk Reduction, 2020, 44(C): 101412.

[16] Jia H, Yu SL, Qin H. Low impact development and sponge city construction for urban stormwater management[J]. Frontiers of Environmental Science & Engineering, 2017, 11(4): 20.

[17] 张念强，李娜，王静，等．平原感潮河网区域城市洪涝分析模型研究[J]．水利水电技术，2017，48（5）：20-26.

[18] 杨晨，张铄涵．平原感潮河网区暴雨潮位的计算及遭遇变化研究[J]．甘肃水利水电技术，2021，57（8）：5-9+33.

[19] 涂新军，杜奕良，陈晓宏，等．滨海城市雨潮遭遇联合分布模拟与设计[J]．水科学进展，2017，28（1）：49-58.

[20] 徐张帆，王先伟．平原联围感潮河网暴雨洪涝灾害风险分析：以珠江三角洲中顺大围为例[J]．水利水电技术（中英文），2021，52（8）：51-65.

[21] 季睿，施益军，李胜．韧性理念下风暴潮灾害应对的国际经验及启示[J/OL]．国际城市规划，1-17[2022-12-01]. https://kns-cnki-net.webvpn.usst.edu.cn/kcms/detail/11.5583.TU.20211118.1421.002.html.

[22] 张凤山，尚明珠，赵朋晓，等．感潮河网降雨径流污染空间分析与模拟[J].

中国环境科学，2021，41（4）：1834–1841.

[23] 王尚伟. 中珠联围雨潮遭遇风险概率及内涝灾害危险性分析[D]. 广州：华南理工大学，2021.

[24] 邓婧，张辰，莫祖澜，等. 感潮河网地区水安全保障系统方案[J]. 给水排水，2019，55（9）：50–54.

[25] 魏乾坤，刘曙光，钟桂辉，等. 平原感潮河网地区河道洪水对村镇内涝的影响[J]. 长江科学院院报，2019，36（3）：46–52.

[26] 王磊磊，贺晓红，吕永鹏，等. 城市感潮河网应对内涝的水位控制可行性研究[J]. 给水排水，2015，51（1）：26–29.

[27] 谭琼，廖青桃，张建频，等. 平原感潮河网地区城市二级排水格局内涝风险研究[J]. 给水排水，2016，52（10）：35–40.

[28] 罗志发，黄本胜，邱静，等. 粤港澳大湾区风暴潮时空分布特征及影响因素[J]. 水资源保护，2022，38（3）：72–79+153.

[29] 欧飞燕. 基于海绵城市理念的珠三角地区公园规划设计研究[D]. 广州：华南农业大学，2016.

[30] 易文芳，钟月，方应波. 基于海绵城市理念的珠三角城市群滨水景观规划与策略研究[J]. 安徽建筑，2022，29（3）：32–33+42.

[31] 黄菊，朱玉玺，李埜. 珠海市海绵城市专项规划体系分析[J]. 工程建设与设计，2021，（24）：59–62.

[32] 姚鹏飞. 基于河湖水网公园绿地的“大海绵”体系构建——以珠海市金湾试点区为例[J]. 城市道桥与防洪，2019，（7）：152–156+20.

[33] 郭显惠，何帆. 珠海市西部中心城区市政道路海绵化设计实践[J]. 工程建设与设计，2017，（13）：109–111.

[34] 陈文龙，袁菲，张印，等. 粤港澳大湾区防洪（潮）对策研究[J]. 中国防汛抗旱，2022，32（7）：1–4.

[35] 张楠，王贺，吕永鹏. 基于风暴潮模拟的海滨城市内涝风险评估[J]. 城市道桥与防洪，2021，（11）：96–98+15–16.

[36] 赵庆良，许世远，王军，等. 沿海城市风暴潮灾害风险评估研究进展[J]. 地理科学进展，2007，（5）：32–40.

[37] 殷杰. 中国沿海台风风暴潮灾害风险评估研究[D]. 上海：华东师范大学，2011.

[38] 邬艳，于德淼，白静，等. 我国不同降水特征区域海绵城市建设与应用现状——以萍乡、珠海、济南为例[J]. 净水技术，2022，41（S1）：211–219.

[39] 许慧. 植被型生态海岸对台风风暴潮灾害防护效应的数值模拟[D]. 大连：

大连海洋大学，2022.
[40] 吕永鹏，张格，莫祖澜，等. 再谈平原河网地区汇水分区划分[J]. 给水排水，2019，55（9）：55–59.
[41] 顾晓鹏. 我国低影响开发存在的问题及对策研究[J]. 城市道桥与防洪，2015,（10）：153–156+164.
[42] 谢映霞. 中国的海绵城市建设：整体思路与政策建议[J]. 人民论坛·学术前沿，2016,（21）：29–37.
[43] 廖朝轩，高爱国，黄恩浩. 国外雨水管理对我国海绵城市建设的启示[J]. 水资源保护，2016，32（1）：42–45.
[44] 张辰，陈涛，吕永鹏，等. 海绵城市建设的规划管控体系研究[J]. 城乡规划，2019,（2）：7–17+48.
[45] 肖娅，徐骅. 澳大利亚水敏城市设计工作框架内容及其启示[J]. 规划师，2019，35（6）：78–83.
[46] 李敏，姜涛，胡作佳，等. 城市绿色基础设施总体规划编制内容研究——以美国纳什维尔都会区为例[J]. 农业与技术，2020，40（21）：168–171.
[47] 姜丽宁，应君，徐俊涛. 基于绿色基础设施理论的城市雨洪管理研究——以美国纽约市为例[J]. 中国城市林业，2012，10（6）：59–62.
[48] 丁年，胡爱兵，任心欣. 深圳市低冲击开发模式应用现状及展望[J]. 给水排水，2012，38（11）：141–144.
[49] 李俊奇，任艳芝，聂爱华，等. 海绵城市：跨界规划的思考[J]. 规划师论坛，2016，32（5）：5–9.
[50] 车生泉. 西方海绵城市建设的理论实践及启示[J]. 人民论坛·学术前沿，2016,（21）：47–53+63.
[51] 吕永鹏，杨凯，车越，等. 面向非点源污染调控的平原河网地区城市集水区划分方法初探[J]. 华东师范大学学报（自然科学版），2012（4）：164–172+189.
[52] 赵剑强. 城市地表径流污染与控制[M]. 北京：中国环境科学出版社，2002.
[53] 赵剑强，邱艳华. 公路路面径流水污染与控制技术探讨[J]. 长安大学学报（建筑与环境科学版），2004，21（3）：50–53.
[54] 梁小光，王盼，吕永鹏，等. 内河水位对管网系统排水能力的影响模拟[J]. 城市道桥与防洪，2014，11（11）：11–14+19.
[55] 莫祖澜，吕永鹏，谢胜，等. 河道水位优化在高密度建成区海绵城市建设中的应用[J]. 给水排水，2016，42（9）：45–49.

[56] 莫祖澜，吕永鹏，尹冠霖，等．涝水分流措施在雨水系统提标改造中的应用[J]．城市道桥与防洪．2014，11（11）：15-17+19+25．

[57] 莫祖澜，马玉，张格，等．基于模型优化的流域监测方案研究[J]．给水排水，2019，55（9）：60-64．

[58] 曹宇．珠海市因地制宜，探索可复制海绵城市建设模式[J]．城乡建设，2019,（22）：36-40．

[59] 杨凯，袁雯，赵军，等．感潮河网地区水系结构特征及城市化响应[J]．地理学报，2004,（4）：557-564．

[60] 杨燕芳．深圳“河流导向”洪涝治理思路变迁与优化策略[J]．水利技术监督，2021,（2）：55-57+115．

[61] 房金秀，谢文霞，朱玉玺，等．合流制面源污染传输过程与污染源解析[J]．环境科学，2019，40（6）：2705-2714．

[62] 桑园围——基围水利 独有千秋[J]．中国防汛抗旱，2021，31（9）：2．

[63] 胡晓张，李庆敏，刘丙军，等．珠江三角洲河网区闸泵群分区分级调度结构研究[J]．人民珠江，2020，41（5）：96-100．